孙忠焕

1948年7月生，研究生学历，1969年2月参加工作，1982年以后，曾任国有企业和浙江省地方县、市主要领导及多个省级部门领导，以后又任省政府秘书长、杭州市市长等职。2013年2月参加中国国际茶文化研究会，2014年4月，任常务副会长。曾出版《在时代洪流中》（上、下集）等著作。

《中国茶文化丛书》编委会

中国茶文化丛书

孙忠焕／著

中国农业出版社

图书在版编目（CIP）数据

茶文化的知与行 / 孙忠焕著. — 北京:中国农业出版社，2018.6（2018.9重印）
ISBN 978-7-109-24020-9

Ⅰ.①茶 Ⅱ.①孙 Ⅲ.①茶文化－研究－中国 Ⅳ.①TS971.21

中国版本图书馆CIP数据核字(2018)第060475号

中国农业出版社出版
（北京市朝阳区麦子店街18号楼）（邮政编码 100125）

责任编辑 姚 佳
美术编辑 姜 欣

北京通州皇家印刷厂印刷
新华书店北京发行所发行
2018年6月第1版
2018年9月北京第2次印刷

开本：700mm × 1000mm 1/16
印张：13
字数：180千字
定价：88.00元

文库编辑委员会

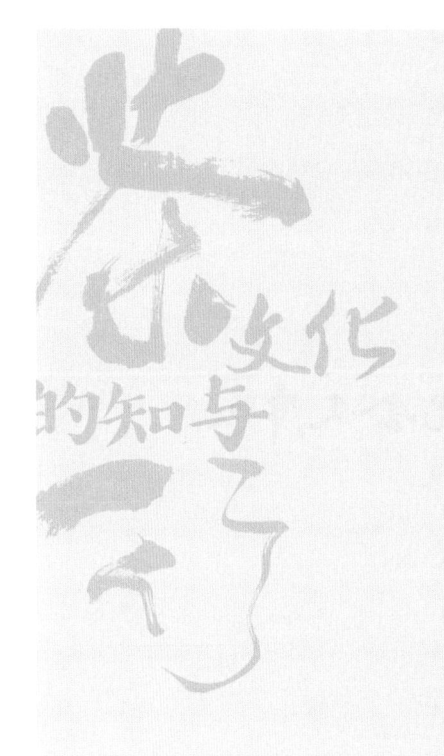

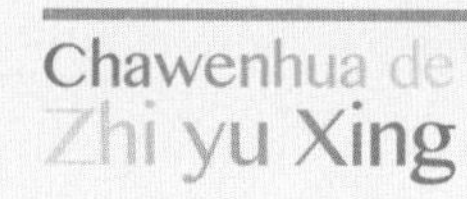

点评

点　评

本书二十三易其稿，真是花了功夫。书稿基础不错，把“狭义的茶饮文化”的诸多知识与个人的“认知、体验、思考”融为一体，知识性、可读性和思辨性都体现得不错，尤其是融入了个人经历和思考，使一本普及读物增加了亲切感和趣味性。

全国政协文史和学习委员会副主任
中国国际茶文化研究会会长　周国富
浙江省政协原主席

读了孙忠焕先生的《茶文化的知与行》书稿，感慨颇多。作为一个省部级干部，从领导岗位退下来后热爱上茶和文化，用心钻研和思考问题，把自己的思想见解，亲自动笔撰著成书，实在难能可贵。

众所周知，知和行说到底是认识和实践的关系问题，也是传统哲学中一个深层次的思辨问题。如今，孙先生以中国国际茶文化研究会常务副会长之职，从茶文化为切入点，将自己工作中的亲身实践和心灵感悟，与明代大思想家王阳明的“知行合一”思想有机结合，用深邃的文化涵养和广博的聪明才智，首开探究茶文化知与行的先河，书就《茶文化的知与行》书稿。进而，又聆听了许多位专家学者意见，20余次修改易稿，实属细心、用心、苦心、诚心。他的书稿，细细读来，不但有深度广度，而且少“书卷气”的呆板，少“说教式”的口号，将知识性、文化性和哲理性融为一体，读来富有亲切感和认同感，给人一种感染力，给人一种启示。它不仅对指导茶文化工作的开展具有实践意义，而且对提高全社会道德修养也有指导作用，实是一部可圈可点之作！

读了孙先生的书稿，对长期从事茶文化工作的吾等而言，感触颇深。期望今后有更多从事文化工作的“儒官”，能参与到茶文化工程建设中来，诚如先生一样，撰写出有高水平、高质量，又具有创新内容的好书来！

中国农业科学院茶叶研究所研究员
世界茶文化学术研究会（日本注册）副会长　姚国坤
国际名茶协会（美国注册）专家委员会委员

有幸曾经拜读孙忠焕先生的自传文集《在时代洪流中》，感佩其1978年以来在职三十多年中为所履及单位及地方的发展所做的工作，以及为之进行的思考与研究。离任转至中国国际茶文化研究会常务副会长之位后，孙先生一仍在行政职位时的风范，在其从未涉及过的茶文化领域学习、思考、研究，并将学思研的成果撰写成文成书。所成之书《茶文化的知与行》，不落一般茶书汇总既有知识的窠臼，而是从阳明心学“知行合一”的理论出发，在归纳阐释茶文化知识的同时，以哲学的视角审视茶文化发展与活动中人作为行为主体的作用，以及如果遵行“知行合一”以茶事磨炼修行可能达到的文化乃至人生的境界。可以说本书超越了作为一本饶有兴味茶文化普及读物的层次，期待它对茶文化的发展传播起到的助力作用。

中国社会科学院历史研究所研究员　沈冬梅

书稿已经认真阅读完毕，非常感慨孙先生能够把王阳明的思想理解得这么深刻和活学，把茶文化精髓解读得通俗易懂。我特别感动的是孙先生用真诚的发自内心的语言表述出这些年读万卷书的心得，文学作品唯有用心才会打动人、震撼人心。

浙江大学茶学系主任　博士生导师　屠幼英

孙忠焕先生的《茶文化的知与行》一书从王阳明“知行合一”的心学入手来领悟、推广中华茶文化，以茶圣陆羽的《茶经》为引领纵论古今茶文化的流变，用亲身经历来诠释弘扬茶文化的实践。作者独到的角度和深入的思考，娓娓道来让我们读起来感到既亲切、生动，又专业、系统。本书是学习古今中外茶文化的优秀读本，更是践行知茶、爱茶、事茶的最佳指南。

中国茶叶博物馆原馆长
研究员　王建荣

近览拜读了孙先生的著作，深为感佩！以阳明心学的知和行来观照中国茶文化的历史和现实，具有哲学的高度和文化的维度，高屋建瓴，把“致良知”和“事上练”贯穿全文，理论思想和实践探索结合，可谓命题立意高远、角度新颖、方法创新，堪称茶文化研究界难得一见的好文章，对茶文化研究具有指导价值和启发意义，值得我深入学习。

从内容上看，全书六大部分具有内在的逻辑性和学理性，围绕“致良知”和“事上练”层层展开，问题意识先导，史论案例分析，深刻阐发了茶和茶文化与人和社会的关系，体现出独特的敏锐的学者型领导思考解决问题的方法和思辨能力，值得称道。

浙江省文化艺术研究院研究员　鲍志成

目录

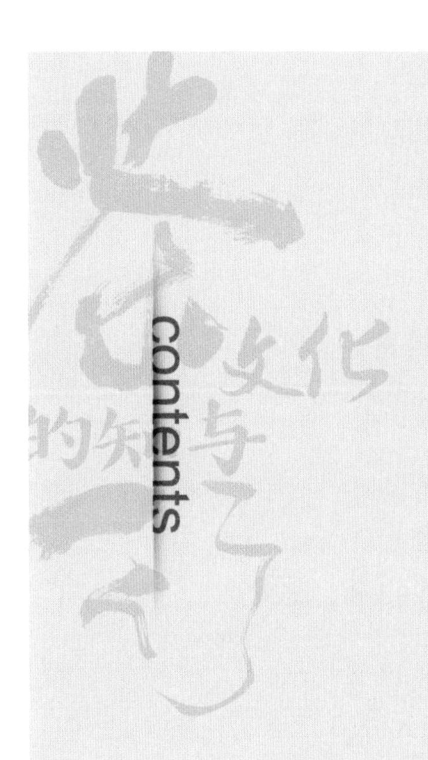
contents

茶文化的知与行

Chawenhua de
Zhi yu Xing

一、我的茶修养

对于茶，我们中国人几乎人人知道、天天接触，但真正了解茶基本知识的人不多，懂得茶文化的人更少。

我们孩提时代在乡村，早晨大人们烧一大锅（条件好的用紫铜大壶）开水，在大茶壶或茶缸里放一把茶叶冲泡上，天热时喝凉茶，天冷时将瓷的或锡的大茶壶放在用稻草与棉花编制的蒲窝内保暖，可以喝上一整天。

■ 民国时期的铜茶壶

剩余的茶汤、茶汁，第二天早上还要用来漱口洗牙，因为民间有茶叶水防牙蛀的说法（科学表明茶叶含氟元素）；客人来了，大人们首先是让座敬茶；在中国传统节日敬天地、祭祖宗，也要供奉新茶；农忙时农民下地劳动，也会提上一大陶壶茶水解渴祛乏。

■ 客来敬茶 美国摄影师卡尔•迈当斯（Carl Mydans）1941 年摄

（一）我们从小缺少茶素养

我们小时候，由于那个年代社会商品匮乏，只有在供销社才能买到茶叶（20 世纪 60 年代后还凭“购货证”供应），大人们总是说：“小孩不能喝茶！”1965 年，我离开余姚老家去金华读书，在金华，无论是城里还是金华所属的集镇，几乎都有“茶馆”，尽管简陋，但很有中国村镇文化特色，或长条桌或四方桌，长条凳、靠背椅，瓷杯泡茶加甜点，喝茶聊天的，跑堂沏茶的，热闹得像个“大家庭”。集镇茶馆早市上来喝茶的以卖蔬菜及鱼虾的农民居多，他们在喝茶聊天中传播着各地社会“新闻”。下午集镇茶馆还有唱曲说大书，有滋有味、氛围闲适，分不清楚他们是来卖菜的农民还是镇上来喝茶的居民。

■ 游埠古镇早茶

以后，在工厂工作，上班时泡上一大搪瓷缸茶，有的老师傅还提上一只竹壳热水瓶，以便喝完了再续水，这缸茶从上班泡到下班，喝到淡白无味为止。那个年代也很少有“品茶”之说，“品茶”被认为是消磨时间，就不合当时的社会时宜了。

■ 村镇里的竹壳热水壶

■ 工厂里的搪瓷茶缸

1983年，我走上地方党政领导岗位后，虽不缺茶，但不敢大胆喝，因为群众常批评机关干部犯官僚主义作风或不干实事消磨时光的一大特征是：上班“一张报纸、一杯茶，从早混到夜（下班的意思）”。为体现清廉勤政的形象，不少干部常用玻璃杯喝白水，既透明、又避嫌，这样一喝就是几十年。我本来就不嗜好茶，白开水喝习惯了，觉得比泡茶更方便，久了也就成为励志勤俭干部的一种状态。喝茶经常化是2007年我转岗政协机关工作以后的事了。有两件事加深了我对茶的印象。一件是2007年夏天，我率杭州市政协系统的同志去宁夏回族自治区银川市政协考察，银川市政协的领导陪我们参观他们的新办公大楼，当走到他们的“茶叙室”时，我们眼睛一亮，一个充满文化气息的“茶叙室”有几十平方米，墙上挂着协调的几幅书画，

作者2007年9月在宁夏回族自治区银川市政协与洪梅香主席茶叙

室内分布着几个敞开的小茶座，每个小茶座可坐两三人或三四人不等，靠墙一侧立着一排博古架式的茶柜，茶柜里摆放着装有各种茶叶的茶罐（盒）。我不解地询问：政协机关也有茶歇时间吗？银川市政协同志介绍说：政协是个爱国统一战线组织，朋友来了，一杯清茶更便于亲近地聊天。

另一件是，2008年，我一位朋友从加拿大带来了一盒陈年普洱碎茶送我。这是一盒从中国出口的普洱茶，我第一次知道茶不仅有红茶、绿茶、乌龙茶等品种，还有生熟之分的普洱茶。按茶叶盒上的标注指导，我沏泡在普洱茶专用杯里，一股带有霉味的陈香扑鼻而来，上口喝时，没有绿茶的苦涩味，嘴里从未有过的润滑醇香一直滑到胃里。哦，这就是普洱茶！见它的宣传词：功在降脂减肥，效在养胃生津，利在健身延寿……。通过这两件事，我对茶和茶的作用算开眼界了。

■ 普洱茶

我们过去要么不喝茶，喝茶时兴趣也不在茶，喝的也是“马马虎虎茶”。鲁迅先生说，“有好茶喝，会喝好茶，是一种‘清福’。不过要享这‘清福’，首先就须有功夫，其次是练习出来的特别的感觉。”

浙江绍兴鲁迅故里

我们过去之所以一直喝“马虎茶”，一方面，是因为对茶的文化知识“功夫”修养得远远不够，对茶缺少一种“特别的感觉”，所以，对茶不以为然，也就享受不到这种“清福”。这是我们那个年代环境和条件决定的，从小对茶缺乏教养，长大了对茶的知识缺乏素养，长期埋头苦干实干的工作环境中，对文化（茶文化）缺乏品位修养。另一方面，喝茶虽是一种生活习惯，但毕竟不是人们的生活必需品。南宋有人称“早辰开门七般事，油盐酱豉姜椒茶”（《夷坚续志前集》卷一），茶只是人们厨房的日常生活调味品。当然，唐代有“茶为食物，无异米盐”（长庆间左拾遗李珏语，见《唐会要》卷八四）。宋代王安石著《议茶法》中“夫茶之为民用，等于米盐”之说，所以后来不知何时有人改为“柴米油盐酱醋茶”，虽还是厨房等级的，有了“柴米”二字，显得有点生活必需品意义了，当然与边疆以食牛羊肉制品为主的民族兄弟们“宁可三日无粮，不可一日无茶”的生活必需品比起来，还是有“等级”区别的。

祖传的瓷器老茶具

(二)初入茶门，老有所学

2013年初，我从杭州市政协主席领导岗位退下来后，应中国国际茶文化研究会会长周国富老领导（原是浙江省政协主席，现为全国政协学习和文史委副主任）之邀，在中国国际茶文化研究会担任培训部部长。中国国际茶文化研究会，成立于1993年11月，经民政部注册成立、由农业部主管，是

■ 中国国际茶文化研究会

一个冠“中国”名，机构设在地方（浙江省杭州市）办公的全国性社会学术团体。在旁人看来，一个副省级领导退下来怎么只在一个社会团体当部长呢？实际上我之所以乐意和喜欢，是因为这是我老有所学、老有所养（涵养）、

老有所为、老有所乐的一个好平台。令我犯难的是，我原本对茶没嗜好，又是缺乏茶文化概念的人，怎么去做茶文化普及的培训工作呢？周国富会长要求我们做茶文化工作要热心、有爱心、能用心、有责任心。世上无难事，只要肯登攀。“肯登攀”就是要肯学习，能用心。就这样，我还是从虚心学习、潜心钻研起步。

我参加中国国际茶文化研究会后才知道，看似普普通通的茶叶，有绿茶、白茶、黄茶、青茶（乌龙茶）、红茶、黑茶 6 大类数以千计的品种，口味功效也不尽相同，是独树一帜的有深厚文化内涵的健康饮品。对茶有了新的认知时，喝茶的味道和感觉也就不一样了。记得还是我在担任杭州市政协主席时（约 2009 年），中国国际茶文化研究会第二任会长、浙江省政协原主席刘枫老领导同我说：“做茶文化工作很有味道。”我现在有所领悟了，喝茶不仅有利于身心健康。会喝茶是种品位，茶品类丰富多彩、口味各不相同，只有静下心来，才能喝出味道、喝出乐趣；懂点茶的文化是种修养，有自身的文化修养支撑的人，在与人品茶时，才能“入流”，人茶共品，品出雅味，品出友谊，品出感悟。对如此美妙的茶事，我遗憾自己了解得太迟了。

2014 年 5 月，在贵州省湄潭县举行的中国国际茶文化研究会第五届一次理事会上，我被领导和理事们推选为中国国际茶文化研究会常务副会长，我深感自己的责任重大，总想为推动茶文化进机关、进学校、进社区、进企业的“四进”活动，为倡导“茶为国饮”“以茶惠民”多做点事。2014 年 11 月 20 日，浙江省永康市成立茶文化研究会时，我应邀出席并作了半小时有关茶文化的即席讲话，参加永康市茶文化研究会成立大会的大多数与会者听了也感到很新鲜有趣。后来，永康市茶文化研究会刘淑芬会长（原是市人大常委会主任），把我推荐给永康市委，作为茶文化进机关的宣讲人选，没想到永康市委把中华茶文化进机关作为“严于修身”的一个学习内容。那天，永康市委的讲座安排在每周周一晚上“机关学习日”7～9点举行，偌大一个会堂，坐满了永康市委书记等几套领导班子成员及900多位机关干部和茶研会部分理事，近两个小时“茶文化的知和行”的讲座，会场始终井然有序，说明机关干部对原本陌生的茶文化有新鲜感。2015年5月14日，浙江衢州市政协主席俞流传兼任衢州市茶文化研究会会长，又让我为他们政协机关干部和研究会理事几百号人作同题讲座，反响都不错。以后，我先后应邀在浙江杭州、山东济南、河南信阳、福建宁德及福鼎、贵州独山、湖南湘西及桃源、云南普洱、浙江省的一些地市和省市机关等几十个地方和单位作过“茶文化的知和行”的交流和讲座。从此，我兴趣来了，边讲边改，不断充实完善我的讲稿。

■ 在永康市委理论中心组作茶文化讲座

王阳明（1472—1529）
浙江余姚人

（三）“知行合一”教人用心

我把“茶文化的知与行”作为讲座的题目，是借鉴了明代著名思想家王阳明（1472—1529）的“知行合一”的观点。但当初我对王阳明的“知行合一”的观点认识是肤浅的，无非是我对茶和茶文化的一些知识有所了解、有所思考后，就应行动起来传播给别人一起分享而已。我把这个行动概括为：学而知，知而思，思而明，明而行，行必果。以后，我更感悟到，茶文化是门博大精深的学问。学问学问，既要不断学，又要不断问。《易》乾卦“文言”说：“君子学以聚之，问以辩之，宽以居之，仁以行之。”《中庸》里说：“博学之，审问之，慎思之，明辨之，笃行之。”马一浮先生对此解释为：“上四即博学、审问、慎思、明辨视为‘本体’，属于知；下一即笃行，是为‘达用’，属于行，上下总贯，则是知行合一，体用不离。”“知行合一”是王阳明心学的一个重要观点，最近几年，习近平总书记在许多场合常常告诫我们要“知行合一”，并指出“阳明心学是中国传统文化的精华”。十八届中共中央政治局常委、中纪委原书记王岐山也曾多次说：“我脑子里常浮现王阳明‘致良知’和‘知行合一’两句话”。可见王阳明的“知行合一”是做人、行事的大学问。王阳明曾说：做学问应该贵在专，贵在精，贵在正，贵在诚。

为此，我不仅查阅了《余姚县志》中关于王阳明及心学的记载，还去买了一套中国人民大学度阴山教授著的《知行合一王阳明》1、2、3三本书细读，才进一步理解王阳明“知行合一”这个“知”，不仅仅指“知道”“了解”，而是在内心的反省中达到“致良知”，而“致”是正的意思，“良”善也，“知”是辨别善恶的能力；这“行”也不仅仅是“行动”“实践”，而是“事上练”，从王阳明的经历看，“事上练”是在知善、识善、行善的过程中，把人生的磨炼、修炼和锤炼有机的结合。在王阳明看来，他的“知行合一”，“知是行的主意，行是知的工夫。知是行之始，行是知之成”。“知而不行，只是未知。”“行之明觉精察处，便是知，知之真切笃实处，便是行。若行而不能精察明觉，便是冥行，便是‘学而不思则罔’，所以必须说个知。知而不能真切笃实，便是妄想，便是‘思而不学则殆’，所以必须说个行。原来只是一个工夫。”“知行合一”说的中心是“行”，就是实践精神。但“行”对应“知”，也不局限于具体的实践，而是“一念发动处即是行”。可见“行”

■ 度阴山教授著《知行合一王阳明》

包含的范围很广，即内心感悟到的“善的意念”，要同时付之行动，并在实践中还要不断磨炼自己，达到“致良知”，即“知”中有“行”，“行”中又有“知”的相互融合的过程。

贵州省贵阳市修文县龙岗山王阳明及其弟子雕像

在王阳明看来，他所提倡的良知，不用人教，每个人内心与生俱来的道德感和判断力，即人人心里本来就有的知善知恶，所有人在做错事时，心里都是清楚的，关键在人自己内心能不能“致良知”，肯不肯“事上练”，及时地行善祛恶而已。“真理就在我心中，但必须去事上练，只有去实践了，你才能更深刻地去体会这一真理。”“我们心里的良知是应对万事万物的法宝，无须去外部寻求任何帮助，因为人的力量永远来自心灵。当你的心灵产生力量后，外界环境看上去没有想象中险恶了”（度阴山《知行合一王阳明》）。王阳明自己从小勤奋励志，成人以后历经遭人嫉妒刁难的无奈、当众廷杖的奇耻、下狱待死的恐怖、流放南蛮的绝望、无人问津的落寞、荒野瘴气瘟疫的肆虐等千辛万苦，直至悟出“圣人之道，吾性自足”的“龙场悟道”。使王阳明所有的困惑变得清晰、犹豫变得果断，并修练成强大内心，应对各种残酷现实的不二选择是他的“四句教”：“无善无恶心之体，有善有恶意之动，知善知恶是良知，为善去恶是格物。”度阴山认为：“这里的‘善’是中庸、中和、不偏不倚的意思；这里的‘恶’是过或不及的意思。”学者们认为，这“四句教”是王阳明心学的关键。以后，他又历经朝堂的险恶，沙场的血腥，凭借的就是“四句教”

和“知行合一”的强大力量，从而王阳明文吏弱卒，扫平了困惑明朝政府数十年的南赣地的八股巨寇；他以几封书信、一场火攻，仅用35天时间义无反顾地平定了宁王之乱；他在55岁在重病时还被朝廷派往广西平息部落匪患，57岁在扫清广西部落匪患返回家乡途中的船上不幸因积劳成疾而去世。临终时，他告诉守护在他身边的人，“此心光明，亦复何言”的警世之语。实际上，他倾其一生都在追求真理，他是“知行合一”的心学创立者，又是“知行合一”的践行者，国内外学者们称他为“圣人”和“伟人”。说白了，王阳明的心学，就是让人“用心”的学问。任何一件事，只要你肯学习、能用心，道理就在你心中，你用了这个道理，就必能成事。我们这些同志在党政机关工作数十年，不仅有丰富的阅历经验，而且也具有辩证的思维能力和一定的政治智慧，从工作岗位退下来后如果身体健康，一有充裕的时间，二生活无忧，只要对茶文化工作有兴趣，不愁时间和生活。干自己喜欢干的事，工作着是快乐的，快乐地工作着，不仅会有乐趣、还会有情趣，从而也会产生“爱心、热心”；只有对自己喜欢做的事有“爱心、热心”，也才会去“用心”，只要肯用心，外行可变内行，不能会变能。“用心”其实就是一种使命感、责任感。

■ 茶文化进校园

2016年9月，杭州市团委领导要我给青年学院的学员们作一次《茶文化与修养》的讲座。我反复思考后，还是用了《中华茶文化的知与行》这个题目。因为，我从王阳明的“工作即修行”（度阴山《知行合一王阳明》）中感悟到，每个人的素质只能在自己所从事的具体工作中才能修养而成。王阳明说：“心学不是悬空的，只有把它和实践相结合，才是它最好归宿。我常说要事上磨炼就是因此。如果抛开事物去修行，反而处处落空，得不到心学的真谛。”“工作就是修行，工作情境就是标榜进取精神最好的修行之地。”（度阴山《知行合一王阳明》）。王阳明从小就有好的家庭环境教养，成长过程中又广泛地从儒学、道学、佛学及世俗中汲取精华而不断提高自身素养，以后又无私无惧地在艰险困苦、险恶血腥的政治与社会环境中修行自己，使之成为“此心光明”、内圣外王之人。“知行合一”实际上是一种提高自身涵养要求很高的修行方式。讲座互动时，一位青年学员问我：咖啡有没有文化？我回答说，我没研究过咖啡，说不准。但我想，咖啡作为世界上“三大”无酒精沏泡饮料之一（世界上有人把茶叶、咖啡、可可，也有人把茶叶、南美马黛茶、咖啡称为“三大”无酒精饮料），是异域风情的一种饮料，有它的历史、有它的故事，所以，也会有咖啡文化。但它与中华茶文化有本质的区别。

■ 日本茶席展中的马黛茶茶具　姚国坤提供

我之所以称“中华茶文化”，不叫“中国茶文化”，是因为我们中华56个民族及港澳台和海外华人都有饮茶的历史、茶的风俗、茶的礼仪和茶的精彩故事等，客观上都在共同创造着中华茶文化；中华文化根本上又都是由儒、释、道和中华农耕文明为主干的，中华传统文化中的众多文化元素是通过儒、释、道和文人骚客们在品饮茶时将各自的志趣、认知体悟融合在“茶”中，逐步形成了中华茶文化，从而决定了中华茶文化具有原真性、独特性、传承性和普世价值性等鲜明特征。所以，中国茶能传颂几千年而经久不衰，是具有深厚中华文化底蕴的，既是物质的又是精神的，既在中国也可以在世界成为雅俗共赏的健康饮品，这是世界上其他任何国家的茶所不能比拟的，也正如英国著名科学史专家李约瑟所说：“茶是中国贡献给人类的第五大发明。”

■ 云南茶俗

■ 李约瑟（Joseph Terence Montgomery Needham，1900—1995）

我在讲座快结束时，一位青年女学员站起来发言说："您是我们杭州市老市长，我原以为您来讲《茶文化和青年修养》会使我们昏昏欲睡，没想到您还那么认真地学习思考，讲得这么有激情，让我们青年人感动。"我认为，我们老同志尽管从领导岗位上退下来了，也应该"不忘初心，继续前进"，但"继续前进"的着力点应放在不忘民本、不断学习、为社会发挥点正能量上。我因从事茶文化而与王阳明的心学结缘，又是王阳明的"知行合一"的心学，引导我对茶文化的热爱和用心，促使我不断提高普及茶文化的自觉性。《茶文化的知与行》的讲稿，是我边知边行，"知行合一"的成果，大致经历了四个阶段：

学而知之。过去我对茶不知而盲，少知而迷，到茶文化研究会后，潜心地看了不少茶文化的书，从而对茶有所"了解"和"知道"，这种学而知之的过程就是"行"的过程，就是我对茶文化"知行合一"的初识阶段。

■ 茶文化进浙报集团

思辨而明之。我对茶和茶文化有所了解和掌握后，不仅认真地阅读了沈冬梅研究员诠释的陆羽《茶经》等不少茶知识、茶文化的书，还泡饮各种茶，切身感受茶的味道，从中加深对茶和茶文化的理解。而与人交流中又不断吸取别人的成果和意见建议，进行“事上练”。这是我对中国茶和中华茶文化“学而思、思而明”的提高阶段。

笃而行之。茶文化进机关、进学校、进企业、进社区的“四进”活动，是倡导“茶为国饮”、普及茶文化知识的一种有效方法。但“进”是个主动词，“四进”必须积极主动，不能“犹抱琵琶半遮面”羞羞答答地矫情装谦虚，茶文化“四进”的普及活动，如果等人来“请”，那么茶文化知识会永远普及不了。“四进”中还要根据不同的普及对象，传播不同的茶和茶文化的知识，而且听众多时要积极传播、听众少时也要坚持传播，要学习王阳明传授“心学”思想那样，哪怕在贵州龙场驿站处于极端艰险的生存环境下，不仅给两位侍从的仆人讲心学，他还克服语言不通的困难，在自己居住的山洞前，辟出一块空地当作潦草的讲习所，三番几次地热情邀请当地土著居民去听他讲座，最终感化了当地少数民族山民。所以，后人称王阳明的心学是“草民”的心学，是活泼泼的心学、有生命力的心学。这是我对中华茶文化的“思而明、明而行”的理性阶段。

力求知行合一。我原先的讲稿，在看书学习的基础上以摘编为主、素材堆叠，看似信息量很大，但不系统、不清晰、不鲜活，对广大听众来说不够接地气，同时也把茶文化包罗万象的说得“太神化”，从而说者口若悬河滔滔不绝，听者认为太虚、太玄、不合胃口而缺少兴趣。

马一浮先生说：“国家生命所系、实系于文化，而文化的根本则在思想。从闻见得来的是知识，由自己体究，能将各种知识融会贯通，成立一个体系，

■ 马一浮（1883—1967），浙江会稽（今浙江绍兴）人，中国现代思想家、诗人和书法家

名为思想。”说明知识是文化的基础，而文化的鲜活性在于经过自己感悟有独到之见的思想性。只有知识丰富广博才有可能融会贯通，从而促进我的求知欲，广泛阅览相关文化知识。茶文化的研究既不能离开茶文化的历史和前人成果，又不能脱离当代人们的现实需要。茶文化的传播应着力于让当今更多世人喜欢茶、消费茶，以茶惠民促进广大民众的生活品质和茶产业的发展。所以茶文化普及必须面向社会，面向大众，面向生活，面向产业化接地气。为此，独立思考和知行合一是做学问的两个基本功。能将自己已经掌握的各种文化知识融会贯通，并能形成具有自己独特见解比较客观的说法，这样才有鲜活性。

（四）茶文化的知和行是修自我的内心

要想知道梨子的滋味，必须亲口尝一尝。茶和茶文化也一样，只有自己去亲身感受，印象才会深。书法家王玉田老师亲手给我篆刻了两方闲章，一方是“乐晨夕”，一方是“且饮且书”。

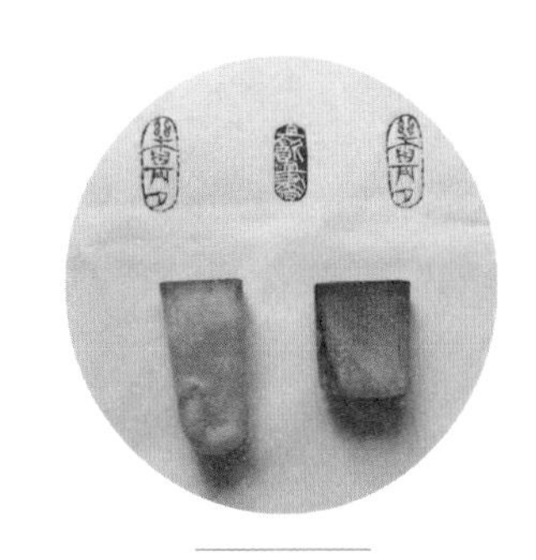

■ 两方闲章

这几年，我晨夕或看书习字，或品茗聊天，且饮且书，其乐无穷。我不仅体悟到各种茶的味道，也增加饮茶知识，而且也提高了自己的文化修养，体悟到人生新的意义。但人到一定年纪，年岁不饶人，易头昏眼花、记忆力差，刚刚还清楚的观点，很快会忘记。为此只能多学、多记、多思、多梳理。因此，我也成了“茶疯”，一个稿子没写完成，就会夜不眠寐、常常躺在床上反复琢磨，想到一个好观点或思绪来了唯恐过后忘了，就会半夜起来继续写作和修改，直到天亮。这四年多来，我对自己的讲稿，讲了改、改了又讲，至此，已用心地修改了20多次，这是我对普及茶文化力求既“致良知”又“事上练”的“知行合一”。古人说：“形而上谓之道，形而下谓之器”，王阳明的“龙场悟道”是“圣人之道，吾性自足”。所以“知行合一”不是回答该知什么，又该行什么形而下的具体问题；而是修炼做人该如何“致良知”，又同时该如何“事上练”的心学问题，也即首先要解决为人做事的内心问题。“心安则强大”。我受王阳明“知行合一”心学的启发，我的《茶文化的知与行》一书，表述的是我在学习思考茶文化中的“致良知”和“事上练”的心迹，“致良知”成为我用心地去认知、体悟、思辨茶文化的“主意”；而“事上练”又让我以强烈的求知欲和责任感去践行茶文化的“功夫”。

所以，我的《茶文化的知与行》的心迹大致包含了以下三层含义：首先，我应不负信任，牢记使命，把知恩感恩作为“知行合一”的过程。中国国际茶文化研究会是立足中国、面向世界的茶文化学术团体，领导和同事们让我参加该团体并参与领导，我不能甘当外行，贪图享乐，而应不负期望、尽力用心、干一行、爱一行、专一行，系统学习、勤奋工作、有所作为，尽快掌握茶知识的发言权和茶文化的主动权，由外行变得内行些，努力成为合格的茶人。

其次，我还把自己对茶和茶文化的积极传播作为知和行的过程。茶源于中国，历史上已是中华民族的举国之饮。但以后由于许多因素，有资料说，中国国民中只有1/4左右的人在喝茶叶茶，而且35岁以下的青年人大都不常喝茶叶茶。中国民众年人均消费茶叶量在世界年人均消费茶叶量排位中进不了前十几位。从而本可“以茶惠民”的“国饮茶”，显然还没有充分发挥其积极作用。由此，我们必须要有责任感，身体力行，积极主动地去“笃行”茶文化，并在学中“进”，在“进”中学。

再是，我同时把自己对茶和茶文化学到的知识去融会贯通地形成有自己见解的讲稿也是知和行的过程。在茶文化的宣传中，应克服“以其昏昏，使人昭昭”的现象，当前社会上有些现象值得引起我们的深思。如在介绍和传承茶的历史文化的同时，如何能重视“以古论今”要接地气，“古为今用、推陈出新”。时代前进了，茶文化也应顺势而发展，否则会落伍而失去茶文化的魅力；再如茶与茶文化两者有联系又有区别的问题上，如何处理好共性与个性的关系。茶是物质的，物质的东西实用性、操作性很强，讲茶应重在把握好茶的功效性和技术性的知识。茶文化是精神的，精神的东西哲理性和文治性很强，讲茶文化应重在研究茶的传播方法和教化内涵，即人与茶的相互关系中的内化、德化和道化意义。古人说“以文载道，以道扬文”。物质与精神两者虽有密切联系，但各有个性，不能混为一谈；又如茶文化不是仅供一些人士玩赏的，其主要功能应是对广大社会民众要有传播和引领的作用，从而，如何更能使茶及茶文化生活化、世俗化和产业化，雅俗共赏地体现出“和而不同”。从历史发展看，精英文化是精英们创造和传播的文化，健康向上的精英文化也是能让社会上的中低层民众逐步接受和效仿的文化，最终形成大众的文化与精英文化一起共同构成人类社会的文明；还比如茶文化讲的是茶的文化，茶文化虽具有多学科交叉融合，产生多功效的特征，如果把茶文化说成包罗万象、无所不能的文化，显然会使人们产生疑惑，因“神化”而使其适得其反，等等。对上述富有挑战性的话题，我在《茶文化的知与行》的正文中都有所表述，虽不是我等之辈都能回答清楚的，意在抛砖引玉。我是“初生牛犊不怕虎”的行外人，行外人虽存在许多“缺少”，但行外人少了许多顾虑和“桎梏”，更何况我已是年近古稀的人，本衣食无忧，名利也可成为身外之物，敢于表达自己的观点见解尽管尚不成熟，但真实、真诚。肯说真话、实话也是“致良知”；这样，可能也会引来一些非议，甚至会得罪一些人。“此心光明，亦复何言”，走自己的路，也是“事上练”。我认为这是“知行合一”的客观要求。当然，我还需要不断地学习吸取新东西，不断增强自己对茶文化的新见识，不断地“知行合一”，避免陷入新的“少知而迷、不知而盲、无知而乱”的困境。

■ 茶园

二、陆羽的《茶经》开创了中国茶学

茶源于中国，是中华民族的国饮。

中唐以前，古代中国人对茶虽有饮用、药用、食用的，但大多是对茶叶的物质利用，对“茶之寓”是不了解的，中华民族真正比较系统理性地认识茶的文化内涵，并广泛自觉地应用茶，应该是唐代陆羽的《茶经》问世以后。北宋欧阳修说：“后世言茶者必本陆鸿渐，盖为茶著书自其始也。”后世人称陆羽（即陆鸿渐）为“茶圣”，他著的茶书为《茶经》，经，是典范，具有权威性、依据性。现在人们常说：茶兴于唐之前，盛于唐；茶文化兴于唐，盛于宋之后是有依据的。陆羽的《茶经》开创了茶学的先河，陆羽的《茶经》第一次比较系统地、全面地、科学地介绍了茶及茶的内涵。所以，我们现在说茶、研究传播茶文化，不能不提“茶圣”陆羽，也不能不研究茶的原典《茶经》。

■ 茶圣陆羽

■ 湖北省天门市茶经楼

■ 中国茶叶博物馆内的陆羽像

（一）陆羽其人

陆羽字鸿渐，也有字叫季疵，是唐代复州竟陵（今湖北省天门）人，生于733年，卒于804年。婴幼儿时被遗弃野外，是竟陵龙盖寺（后改名为西塔寺）僧人智积在水滨拾得而收养于寺，陆羽所写的《陆文学自传》中称自己不知所生。9岁时陆羽能学习撰写文章了，智积和尚想让他学佛，“示以佛书出世之业”，而陆羽一心向往儒学，智积屡劝不从、陆羽受尽折磨而不屈服，他13～14岁时不堪困辱，逃出寺庙，投靠当地戏班，耍杂演戏为生。但陆羽天资聪明又勤奋好学，很快显现了才华，著《谑谈》三篇，并任伶正。14岁（746）在参加竟陵一个欢庆活动时，被当时谪守竟陵的河南太守李齐物所欣赏，“抚背赞叹、亲授诗集”（摘自沈冬梅评注《茶经》一书），此后，陆羽负书到火门山拜邹夫子门下，接受正规教育。19岁

(752) 时，又被贬为竟陵司马的礼部郎中崔国辅赏赞，交往三年，期间“品茶论水、诗词唱和、雅意高情一时所尚，有酬酢歌诗合集流传。从而使陆羽(一个山野之人) 得以跻身士流，闻名文坛”。以后，他与文人雅士和士大夫，如皇甫冉、皇甫曾兄弟、诗僧皎然、道士张志和与湖州刺史颜真卿等广泛交往，使他更集儒、释、道学问于一身，为撰写、修改《茶经》打下扎实的知识和文化功底。

陆羽幼年就在龙盖寺接触茶，并为智积师父煮茶，逐渐学到煮得一壶好茶的技能，也激发了他对茶的兴趣，与崔国辅三年交往时“相与较定茶、水之品”也是陆羽对茶事的重要经历。以后他又开始了个人游历，安史之乱后，他与北方移民一起，逃避战乱而渡江南迁，一路考察了解所经之地的茶事，先在无锡与无锡尉皇甫冉及兄弟皇甫曾，又在湖州“妙喜寺”与诗僧皎然交往，致力采茶写诗、论茶品水、研究茶事。以后他从湖州移居江西、岭南等地后又移居当时浙西苕溪。期间陆羽在当时的艰苦条件下，不辞艰辛，跑遍了大江南北的产茶区，实地考察研究，收集各地茶事典故，它总结了当时（中唐期间）及以前的茶叶生产的地区、技术与经验，收集整理了历代茶叶利用的史料和人文故事，论述了他自己实地调查研究后的结果和亲身经验，并撰写了大量有关茶的著述，《茶经》是其中唯一传存至今的著作。

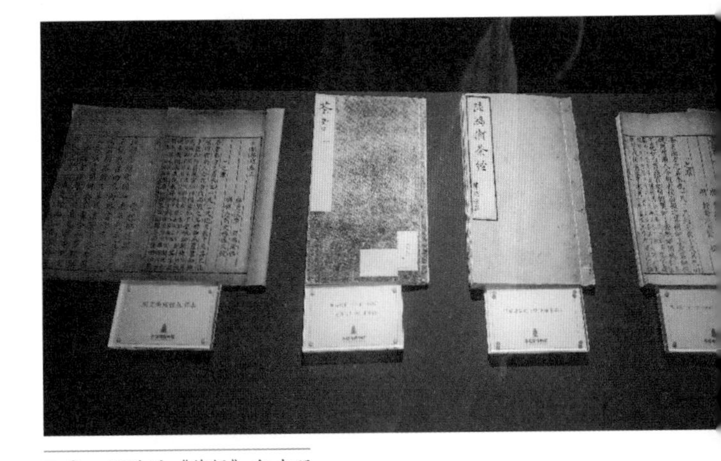

■ 宋、明时的《茶经》印本照

（二）陆羽《茶经》的时代意义

《茶经》分上、中、下三卷十节，7 000多字，考证翔实、内容丰富。2015年11月23日，我在浙江湖州市纪念陆羽《茶经》传世1 235周年活动上，提出《茶经》有翔实全面的系统性、求真务实的实践性、启迪引领的文化性、创新共享的时代性。《茶经》客观上体现的科学性等特征至今仍具有典范性、权威性和划时代的里程碑意义。

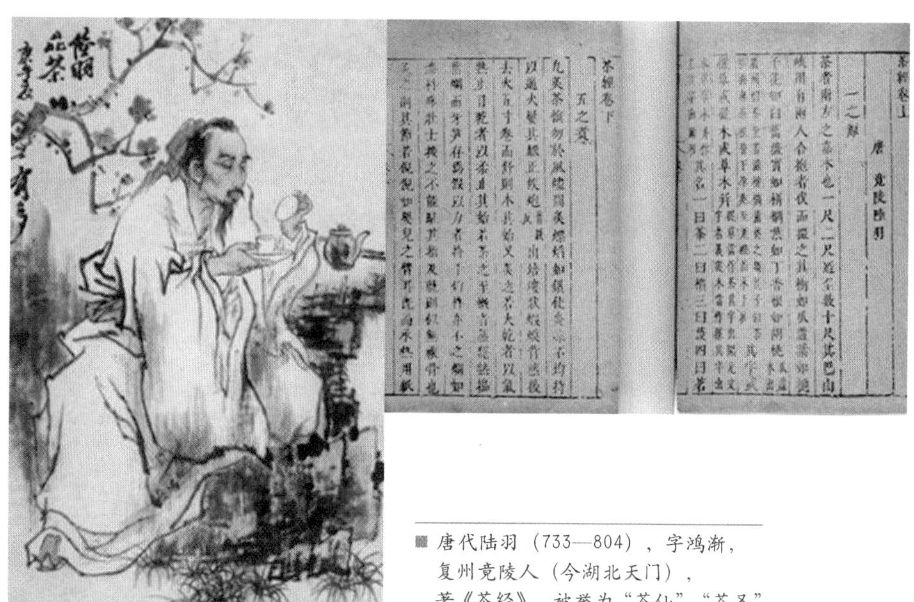

唐代陆羽（733—804），字鸿渐，复州竟陵人（今湖北天门），著《茶经》，被誉为“茶仙”“茶圣”

1.《茶经》的系统性 《茶经》全书分：一之源，写茶树性状、名字称谓、种茶方式及茶饮之品性；二之具，写茶叶采制的工具等；三之造，写茶叶采制的季节、工序及鉴别；四之器，从水、木、火、金、土“五行”协和思想、入世济世的儒家理想以及对社会安定的渴望，论述煮饮茶的全部器具；五之煮，介绍煮茶程序及取水、用水的注意事项；六之饮，强调茶饮的深远意义及专心事茶才能领略茶饮的隽永至妙；七之事，翔实地记叙历史上茶事、茶用、茶药理、茶诗文等人文典故；八之出，列举当时已了解的全国各地产茶情况及质量品第；九之略，指出在某些环境条件下饮茶可以省略不用的制、煮茶用具；十之图，教大家把他的《茶经》全文用绢素书写、张挂在可以时时看到的地方，以牢记熟背于胸中。可见陆羽对他用汗水心血著成的《茶经》的自信。《茶经》十节涵盖了当时中国已经了解的茶叶栽培、生产加工、药理、茶具、饮用、历史、文化、产地等方面的内容，系统而全面，影响力大，改变了陆羽之前对茶叶和相关文化现象的只言片语、零零碎碎的小文章状况，所以陆羽是有关茶学知识的集大成者。《茶经》可谓是中国乃至世界现存最早、最完整、最全面介绍茶的第一部专著，被誉为“茶叶百科全书”。

2.《茶经》的实践性 陆羽《茶经》开宗明义：“茶者，南方之嘉木也。”唐贞观元年（627）时分天下为十道，南方泛指山南道、淮南道、江南道、剑南道、岭南道所辖地区。基本与现今一般以秦岭山脉—淮河以南地区相一致，包括四川、重庆、湖北、湖南、江西、安徽、江苏、上海、浙江、福建、广东、广西、贵州、云南（唐时为南诏国）诸省（自治区、直辖市），以及陕西、河南两省的南部，皆为唐代的产茶区，亦是今日中国之产茶区（摘自沈冬梅女士的《茶经评注》）。经现代考古学发现，在云南省普洱市景谷县境内发现距今已有3 540万年的古木兰宽叶化石。经中科院北京植物研究所和南京地质古生物研究所的专家考证，此石是茶科植物繁殖演变之始祖。在贵州省考古发现了上百万年前的茶籽化石。可见茶树源于中国西南地区。20

世纪 70 ~ 80 年代，在浙江省余姚市田螺山考古发现了 6 000 多年前人工种植的茶树根，可见 6 000 多年前，浙江余姚人已在人工种植茶树。由此说明，数千年来，茶与华夏文明同步起源，相随发展。

■ 余姚市田螺山考古发现的近 6 000 年历史的人工种植茶树根，现保存于田螺山遗址现场馆内

■ 在贵州发现的百万年前茶籽化石

■ 距今有 3 540 万年的古木兰宽叶化石

■ 云南哀牢山 2 700 年的古茶树

■ 作者在云南勐海地区 800 年的乔木茶树林

■ 浙江灌木型茶树（松阳茶园）

陆羽《茶经》中又记载：茶树有“一尺二尺乃至数十尺，其巴山峡川有两人合抱者，伐而掇之。”告诉我们茶树有乔木、小乔木、灌木之分。在云南哀牢山发现的乔木型古茶树（树高25.6米，树幅22米×20米，基部干径1.12米，胸径0.89米），有专家估算树龄达2 700年以上。2013年5月，我们在云南勐海地区看到一片有800多年历史的乔木树林。

陆羽《茶经》中的二之具、三之造、八之出，不仅对我们了解茶、研究唐代以前的茶采摘、制作及茶产地的优劣等都是翔实的资料，对以后茶产业的发展具有很强的实践性。

陆羽《茶经》中，使我们了解到茶兴于汉晋、盛于唐朝以后。陆羽《茶经》“六之饮”中说：“滂时浸俗，盛于国朝，两都并荆渝间，以为比屋之饮。”

■《宫乐图》

意思是：唐朝时，社会上的饮茶之风已盛行，像水一样遍地漫延，从西安、洛阳到湖北、四川、重庆，一户连着一户的饮茶。陆羽同时代的御史中丞封演的《封氏闻见记》也记载:“自邹、齐、沧、棣，渐至京邑，城市多开店铺，煎茶卖之……此古人亦饮茶耳，但不如今人溺之甚，穷日尽夜，殆成风俗，始自中原，流于塞外。”唐代裴汶《茶述》记载:“茶，起于两晋，盛于今朝，其性精清，其味浩洁，……”唐代王敷所作的《茶酒论》中已经把茶的作用、贵贱、尊卑及社会广泛饮用程度描述得十分深刻了，如此等等，这一切都印证了唐朝饮茶之风已盛行。2016 年 3 月 24 日，我在河南开封出差回杭州的飞机上,看到 2016 年 3 月 23 日的《郑州日报》第 8 版刊登着《巩义出土“茶圣”煮茶三彩器》一文，文中说，2015 年 5 月，为配合基建，河南省考古机构与北京大学一起在一座晚唐的墓中出土“茶圣”陆羽煮茶的三彩器。墓主人张氏夫人葬于 832 年，距陆羽（卒于 804 年）离世仅 28 年，在墓主等级不高的小墓中，发现此文物，一是说明唐朝的饮茶已经非常盛行，二是可见陆羽及《茶经》在当时的影响之大。

8 郑州日报 2016年3月23日 星期三

ZHENGZHOU DAILY
文化产业新闻

巩义出土“茶圣”煮茶三彩器

■ 巩义出土的煮茶三彩器

由于唐代饮茶之风的盛行，带动了茶产业的发展。唐德宗建中元年(780)，唐德宗采纳户部侍郎赵赞的建议开始征收茶税，以做唐代平常之用。从此茶叶成为独立的经济作物而发展，茶的社会实践意义就更大了。

3.《茶经》的文化性 陆羽的《茶经》第一次揭示："茶之为饮，发乎神农氏，闻于鲁周公。"神农氏是古代传说中的"三皇"。鲁周公是周朝文王姬昌的儿子、武王姬发的弟弟，名姬旦，武王死后，辅佐其子成王，改定官制，制作礼乐，完备了周朝的典章文物，人称周公，以后曾封于曲阜，是为鲁周公。传说周公旦所著的《尔雅》中第一次提出了茶的文字概念："槚，苦荼"。《茶经》中记载："其名，一曰茶，二曰槚，三曰蔎，四曰茗，五曰荈"等。陆羽《茶经》"五之煮"中分析："其味甘，槚也；不甘而苦，荈也；啜苦咽甘，

- 槚(音"jia")，秦汉间《尔雅》的"释木篇"中："槚，苦荼。"的释意，槚是楸木，贾有"假""古"两种读音。
- 荈(音"chuan")，专指茶。
- 蔎(音"she")，东汉时把"蔎，香草也，从草色声"，茶具有香味，灌木从草。
- 茗(音"ming")，古通萌，萌草木芽也，指嫩芽。
- 荼(音"tu""shu")，出现在我国第一本诗歌总集《诗经》中有7处，如"谁谓荼苦，其甘如荠"的诗句。
- 王祯《农书》中有"初采为茶，老为茗，再老为荈"。

■ 茶的多种表述

茶也。”陆羽对当时流传的有关茶的众多称呼，采用唐代（735）的字书《开元文字音义》对茶的用法，统一改写成“茶”字。从此，茶字的字形、字音和字义沿用至今。乃至现在世界上对茶发音的tea，也是我国闽南地区对茶的地方发音演化来的。茶字的统一及《茶经》四之器、五之煮中饮品茶的技艺出现，对以后的茶文化的发展意义重大。至于以后既有“琴棋书画诗曲茶”文人骚客之雅，又有“柴米油盐酱醋茶”百姓厨房之俗，书房之雅与厨房之俗到底谁在前谁在后已难以考证分辨。我在“琴棋书画诗曲茶”中用了“曲”字，是因为现在社会上有人称“琴棋书画诗酒茶”，也有人称“琴棋书画诗歌茶”，“酒”与“歌”都是文人们所喜好，而“酒”与“歌”都可称“曲”，所以用了“琴棋书画诗曲茶”。当然也有“琴棋书画诗香茶”的文人之雅。

■ 客家擂茶

早年茶在王公达贵那里，周朝时始为贡品作祭祀天地之用，以后又是奢华的享用珍品。近年，我在西安参观汉阳陵时，看到现代考古学家们在考古挖掘西汉景帝刘启（卒于前 142 年）的陵墓时，在其第 15 号从墓道中出土了珍贵的扁片形散茶（类似当今的“旗枪”）。

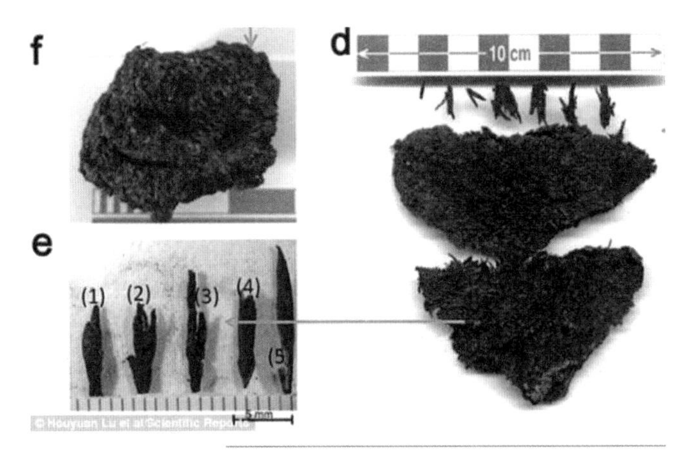

■ 汉阳陵第 15 号从墓道出土 2 150 多年前的茶叶

■ 汉阳陵出土茶叶获世界吉尼斯认证

汉代皇帝下葬时，在世享受什么，死后随葬也要带去什么。至今不少学者还在认定唐代饮茶只是“煮茶”方式时，实际上2 160年前的汉景帝已有享用精致散茶。由此说明，东吴孙皓及魏晋时期玄学家们能“以茶代酒”，就已有清饮是不奇怪的。也印证了陆羽《茶经》中“饮有觕茶，散茶，末茶，饼茶者。”西汉宣帝神爵三年（前59），四川籍著名辞赋家王褒，到朋友家饮茶时，因为家奴便了怠慢了王褒，王随后将朋友家此家奴买去，在签具的《僮约》上专门注明“烹茶尽具”“武阳买茶”的条款。可见当时达贵们对用“茶”待客尊严的看重。

陆羽《茶经》后，王公达贵饮茶玩茶“志趣”达到登峰造绝，唐代是茶诗最盛时期，宋代以后茶诗尽管也很兴盛，从现存茶诗看，基础是唐代奠定的。宋徽宗赵佶精于茶艺，他写了《大观茶论》一书，书序中，开门见山地指出：“谷粟之于饥，丝枲之于寒，虽庸人孺子皆知常须而日用，不以时岁之舒迫而可以兴废也。至若茶之为物，擅瓯闽之秀气，钟山川之灵禀，祛襟涤滞，致清导和，则非庸人孺子可得而知矣，中澹间洁，韵高致静。则非遑遽之时可得而好尚矣。”所以，他号召有钱有身份的人多喝茶、脱脱俗气。他还礼贤下士，为大臣们亲自点茶享用。蔡京《太清楼侍宴记》中说：“遂御西阁，亲手调茶，分赐左右。”这位多才多艺的皇帝在赞美茶“中澹间洁，韵高致静”之物的同时，他自己可以淡洁、致静得不要大宋江山，使大宋京都从开封逃居在“行在”杭州，就不难理解了。明代开国皇帝朱元璋取消团茶、采用散茶、泡制饮茶，使老百姓饮茶方便了不少，体现了茶性俭。江南的贵族，则在美轮美奂的私家园林里，专门修建了精致的品茶之地，让清代乾隆皇帝弘历羡慕得流连忘返，每每下一次江南，都会访茶寻找园林茶室，画下后带回北京模仿建造了几十个江南风格茶室，还发明了“三清茶”以表达志趣，等等。饮茶风尚到文人、士大夫那里变得越来越“雅”了，雅得让那些没身份、没有文化修养的人不用想挤进这个“茶饮”圈子。所以，茶是被文人雅士们的文字激活而传扬的。

陆羽的《茶经》八之事中，列举了茶与人文关系的48则故事，不仅充分体现了茶的文化性，而且也是唐及唐以前有关茶人文的有力史料。据说，陆羽48则茶故事中，不少故事已经找不到原始史料了，如果不是《茶经》还有记载的话，可能后人无法知晓这些茶的故事。《茶经》毕竟是“经典”，“论”一般是观点。中国佛家的佛学文化有四句秘籍：“依经不依论，依法不依人，依了义不依不了义，依智不依知”，可见“经”的意义了。所以，从唐末的皮日休，宋代的欧阳修、梅尧臣，明代的陈文烛等名士们都称：始从陆羽生人间，人间相学事春茶。当代著名语言学家，中国第九、第十届人大常委会副委员长许嘉璐先生说：“不容否认的是，在陆羽前后相当长一段时间，人们对茶与人与天的关系认识，还停留在茶之生、茶之育、茶之器等这些外在，至于茶之效，也只了解‘荡昏寐、饮之以茶’，对茶之‘寓’还不明了。”“寓”就是内涵，就是文化，是陆羽较系统地揭示了茶之效、茶之“寓”的文化内涵。

4.《茶经》的时代性 中华传统文化是一种悠久的农耕文明，很长期间内是以儒家文化为主导的。对于古代中国绝大多数文人雅士及士大夫来说，进德修业主要依据“六经”之教。所以“修齐治平之外，没有绝对的理想；文章之外没有可以称道的技能；道德、礼教之外，没有必须遵循的规范。”（引沈冬梅的《茶经校注》一书）。这是古代社会历史与文化传统赋予文人们的价值观念和行为规范。就是像马一浮（1883—1967）这样的现代国学大师也曾说：“学者当知六艺之教，固是中国至高特殊之文化。唯其可以推行于全人类，放之四海而皆准，所以至高；唯其为现在人类中尚有多数未能了解、百姓日用而不知，所以特殊。”所以，过去许许多多文人只有这些，或最多只能表现这些，古代科举制度考的就是这“六经”之教的内容，社会上也风尚这些。

■ 唐代和五代茶具

历史发展到唐宋期间（也包括五代十国时期）是一个转折点，当时国力强大，经济发展，文人辈出，文化灿烂，唐宋时代的社会、文化几乎各个方面都发生了重大变革，六经《诗》《书》《礼》《乐》《易》《春秋》注入，文人们的个体意识开始觉醒，文人们的精神世界开始变得更为丰富复杂。个

宋代茶具

体意识开始觉醒了的文人，也同时向社会提供他们的审美情趣、价值观念和行为规范。陆羽的《茶经》（孙过庭的《书谱》），就是唐代这种文人个体意识觉醒并变革的典范和代表作。《茶经》不仅向世人们系统地提供了茶学，提供了茶饮品的方法，还提供了集儒、释、道文化思想为一体的“茶文化”和茶“为饮，最宜精行俭德之人”行为规范。唐宋以后的许多名士在高度品评陆羽及《茶经》的同时，也参加到个性觉醒的释放队伍。从而赞美茶的文章、诗词、书画等创作层出不穷。如唐代诗人郑遨的《茶诗》：“嫩芽香且灵，吾谓草中英。夜臼和烟捣，寒炉对雪烹。惟忧碧粉散，常见绿花生。最是堪珍重，能令睡思清。”有人说，唐代文人奠定的对茶绝妙辞赋体系非常牢固，等到后世有人想说茶的“坏话”的时候，所有“坏话词”都不支持。宋代人继承唐代与茶相关的几乎全部绝妙好词。由此说明，茶是唐宋之后被文人雅士、士大夫的辞赋、词章和水墨激活的，使山野的一片草木叶，变得越来越雅。陆羽《茶经》的系统性、实践性、文化性和时代性，不仅对当今有指导意义，也是传承创新的依据，这就体现了《茶经》的一定的科学性。所以《茶经》对茶文化的成熟发展是具有划时代的意义。

这种个性化的茶文化，接地气、能伸展，生动活泼、自由放松，闲适性强，从而唐宋以来，中国社会各种文化现象根据自己的特性有选择地接受了陆羽《茶经》提供的品茶、茶艺、茶事文化的内容。茶的礼仪程序，最终大都进入到需要礼仪规范的宗教之中（如中唐时期佛教禅宗寺庙——江西百丈寺怀海法师把茶写进了“百丈清规”）和一部分民俗之中。

以后隐逸之士更雅，喝茶不仅人要少，称一人幽、两人趣、三人胜，四、

■ 宋徽宗《文会图》（局部）

五人以上只能“以名施茶”、相互客套，既繁琐又喧闹；有的隐逸人士还要到名山幽林的溪川旁，或搭间茅屋宁静的对啜，有琴棋、有诗画，有别具匠心的茶具，还有佳人侍坐……一派文人怡然自得的雅趣。从而茶从“油盐酱豉姜椒茶（后人又称“柴米油盐酱醋茶”）”寻常百姓家的厨房与文人雅士和士大夫“琴棋书画诗曲茶”的书房来回相互作用着，雅是一种姿态，俗是一种状态。雅者也离不开“五谷粗粮”之俗，俗者生活稳定时，也会雅一番。雅也好、俗也好，雅俗皆是生活。更有社会担当价值的文人雅士将茶的自然禀赋与他们生命过程中的体验和感悟结合，用文人们的审美价值观不断印证与延伸出“品茶品味品人生”的哲学意义。这种种雅趣、情操，如果没有陆

■ 宋代斗茶

羽《茶经》冲破“六经之教”的禁锢、开出一条个性化觉醒的路子，以后文人雅士恐怕没有那么多“雅趣”、情操可言，今天我们的茶文化生活也不会有如此丰富多彩。

人们往往把陆羽的茶“为饮，最宜精行俭德之人”称之为饮茶人的品德行为规范。但我在研读陆羽《茶经》及相关的诠释时反复琢磨，我认为“精行俭德”更是对“茶人”的品德行为规范。精行俭德是中国古代儒释道雅士和士大夫们所崇尚的行事做人的道德修养要求。“精”在《辞海》上大致意思是，好上加好，细了又细，纯质的东西；“俭”在《辞海》上大致意思是，节省，俭约，简单朴实。为此，精行、即行精，行事要认真规范、精致求真、

科学严谨；俭德、即德俭，做人要勤奋务实、清净俭朴、淡泊名利。茶人不是通俗的饮茶之人，而是一切致力于茶的事业和爱茶懂茶的有识之士并有奉献精神的人。做事业的人，是有追求、有梦想、有担当的人，有识之士是有学识、有品位、有思想的人，这样的人士对社会具有引领和榜样作用，他们的“精行俭德”对社会意义重大。同时，我还认为，陆羽《茶经》中倡导的“精行俭德”也是对中唐“安史之乱”后的社会上层人士世风直泄、人心不古的一种呼吁和铭志。陆羽创作《茶经》时期，正是中唐经唐玄宗“开元盛世”之后开始衰落，755 年又爆发了“安史之乱”。763 年，唐王朝虽然彻底平息了“安史之乱”，但中唐也彻底由盛转衰。中唐后期，朝纲败落，官僚阶层高度腐败，奸臣当道，朝内不稳，经济衰落，民族矛盾加剧，社会动荡不安，社会风气日益堕落。有资料说，陆羽《茶经》基本成书于 760 年，763 年平定“安史之乱”以后，陆羽又对《茶经》作了一次修订。他还亲自设计了煮茶的风炉，把平定“安史之乱”的事铸在鼎上，标明“圣唐灭胡明年造”，以表明茶人以天下太平为乐的情怀。唐大历九年（774），陆羽参与湖州刺史颜真卿修《韵海镜源》时，他趁机搜集历代茶事，又补充了“七之事”，从而完成了《茶经》的全部著作（也有人说《茶经》完成于 780 年）。古代文人雅士既具有“超然于物外”“放浪于四海”，寄情于山水和草木之间的玩赏浪漫之风，又具有傲岸于人间，以天下为己任的忧国忧民的担当情怀。陆羽作为那个时代有担当、有作为的社会精英，他是否在借《茶经》之文，呼吁中唐社会上层人士要倡导“精行俭德”风尚的一种暗喻。而在创作《茶经》过程中，茶让陆羽完全达到了一种至高境界，他不仅不畏权贵，淡泊名利，就连唐代宗曾下诏书拜他为太子文学，不久又任命他为太常寺太祝，都被他一一拒绝。《全唐诗》收录有陆羽的一首《六羡歌》：“不羡黄金垒，不羡白玉杯，不羡朝入省，不羡暮登台，千羡万羡西江水，曾向竟陵城下来”。充分表达了他不贪图高官厚禄，荣华富贵，唯爱茶道的品质和志趣。陆羽本人就是个“精行俭德”的典范。他不仅从小勤奋好学，浸染博采儒释道文化和农耕文明的精华于一身，他还为创作《茶经》一书，自己不辞艰辛地跑遍大江南北，实地考察产茶地区、广泛采集各地的茶事活动情况。历经几十年，力求严谨、精益求精地著作了传世之作《茶经》。当代“茶圣”吴觉农先生1942年9月在崇安茶叶研究所纪念周年会上曾说：茶人“要养成科学家的头脑、宗教家的博爱、哲学家的修养、艺术家的手法、革命家的勇敢，以及对自然科学和社会科学的综合分析能力。”陆羽是符合吴觉农先生倡导的这样的茶人。吴觉农先生还说：“我从事茶叶工作一辈子，许多茶叶工作者，我的同事和我的学生共同奋斗，他们不求功名利禄、升官发财，不慕高堂华屋、锦衣美食，没有人沉溺于声色犬马、灯红酒绿，大多一生勤勤恳恳、埋头苦干、清廉自守、无私奉献，具有君子的操守，这就是茶人风格。”先生这段“茶人风格”的概括与陆羽的“精行俭德”和“六羡歌”一脉相承。陆羽和吴觉农先生作为我国杰出的“茶人”代表，他们在茶方面的“立功、立言、立德”成就与日月同辉，至今对“茶人”和社会仍具有指导意义。

三、茶的文化涵义及其价值功能

按我国对“文化”概念的定义，文化应表述清楚是什么（广义的文化，人类社会创造的物质财富和精神财富的总和），能什么（文治和教化），文化有广义与狭义之分（狭义文化是指意识形态），文化表述的是人与物作用关系中产生的文明结晶。中国文化两字来自于人，古代甲骨文的“文”字是胸前有纹的人：，甲骨文的“化”字，是两个在转化的人：。为此，表述茶的文化概念时，也不能仅按通常意义上的茶是植物和饮品两层含义来表述茶，而应表述清楚茶是什么，茶能什么，茶与人的关系。茶文化也有广义和狭义之分。广义的茶文化，学者专家们都已有明确的表述，比如人类在社会历史发展过程中认识茶所创造的物质财富和精神财富的总和。狭义的茶文化，我认为，就是茶饮文化，它包括人们在饮茶过程中产生的茶的基本知识、茶的民俗、饮茶行为，饮茶心态和审美（或美学）价值观等形成的文化。本书表述的主要是人们的茶饮文化。

（一）茶的文化涵义

茶本是一片来自山野的树叶而已，是人类发现它以后，在不断被利用的漫长历史过程中，由人的关系的切入，茶因人而文明，茶在不断内化和道化其价值，使茶成为一个多义词，从而逐渐形成了茶文化。茶既可物质享用，又可精神享受，鉴于此，我认为茶的文化涵义至少可表述为以下几层：

1. 植物意义上的茶　茶叶属被子植物门，双子叶植物纲，山茶目，山茶科的茶树与茶树上采摘的嫩芽和叶。

■ 茶芽叶

2. 饮品意义上的茶　茶本是上述茶树上采摘的嫩叶和芽制成的饮品。只是唐以前及唐，宋元、明清时期以后制作和饮用方法不同而已。大约是明朝废除团茶、倡导散茶，尤其是明清以后，由于散茶的广泛消费和制作技术的提高，至今作为制作工艺上不同，饮品茶有绿茶、白茶、黄茶、青茶（即乌龙茶）、红茶、黑茶（如云南普洱黑茶、湖南安化黑茶、四川藏茶、湖北青砖等）等之分。当今社会上从保健和爱好出发，还开发了诸多花卉茶（如菊花、茉莉、玫瑰、薄荷、桑叶茶等）、干果茶（如枸杞、陈皮、柠檬、佛手、辣木籽茶等）等之类。中国民间凡可沏泡而成的饮品也都称之为茶，从而“茶”的涵义更具有了广泛性。

■ 养生茶

3. 药理意义上的茶 茶在本草文献中的最早完整记载是唐代《新修本草》(据说此书早于《茶经》121年左右)。《新修本草》曰:“茗,味甘、苦,微寒,无毒。”中医药学认为中草药物有五性,即寒、凉、温、热、平;有五味,即酸、苦、甘、辛、咸。早在西汉儒生所撰的《神农食经》载:“荼茗久服,令人有力、悦志。”东汉华佗《食论》中也说:“苦荼久食,益意思。”此后,古代中国医学界的很多著名医学者都论述了茶具有药理价值。当然,茶不是治病的药,现代科学表明,茶中的众多微量元素有养生保健的作用。

4. 民俗意义上的茶 “柴米油盐酱醋茶”,这里的“茶”不应被认为是百姓的生活必需品,至今,中国民间不喝茶的大有人在。它是指中国民间的一种生活状态和生活习俗。

5. 风雅意义上的茶 “琴棋书画诗曲(指酒曲或歌曲)茶”,这是中国文人雅士的一种生活姿态或风雅。中国古代文人雅士和士大夫们大都浸染着儒、释、道三教的思想,他们主张“游艺于仁”,强调精神上的“君子风雅”,以“超然于物外”的态度寄情或寄兴于风月山水或幽谷草木之中,他们在品茗玩赏的过程中,往往或赋词吟诗、或泼墨作书画、或琴棋对弈、或插花焚香,与等等文化事项结合,豪情浪漫,以显陶冶君子风雅。

6. 美学意义上的茶 有学者说,美丽的东西都是人化了的东西,是人们对审美对象心灵化的结果,无论是自然的和人工的审美对象都是如此。如苏东坡

■ 茶艺

的“从来佳茗似佳人”的绝句就脱口而出，如清代才子俞樾的“嫩展旗枪，有灵根袅袅，亭亭斜倚。伶仃乍见，……”便是藐姑仙子。纤腰倦舞，又罗袜、踏波而起。把绿茶在杯中的冲泡、品赏过程描绘得曼妙无穷。现代“茶艺”用艺术形式表达,主要让人们欣赏的是一种“美”，人美、茶美、水美、器美、环境美、技艺美和神态美的“和合”美育意境。

7. 媒介意义上的茶　以茶会友、以茶会文、以茶待客及茶沙龙等体现的都是“以茶为媒”，促进人与人之间的友好交流、沟通和联络感情作用。尤其在中国民俗中，茶与婚恋习俗有不解之缘。明代许次纾在《茶流考本》中说：“茶不移本，植必生子”，以及洁白的茶花，茶被中国民间看作为“纯洁、坚贞、多子多福”的象征。不仅在现实生活中，青年男女以茶歌为媒传情的故事比比皆是。如郑板桥的“溢江江口是奴家，郎若闲时来吃茶。黄土筑墙茅盖屋，门前一树紫荆花”。又如湖南湘西男女青年对唱的情歌，女唱：唱首茶歌送哥听，看你接声不接声，若是哥哥接了声，就把茶歌当媒人。男答：哥是茶树妹是芽，哥是泉水妹是茶；泉水泡茶浓又浓，哥娶妹来成一家。女的又唱：结情结义要等头，莫学花开一时丢；九月茶叶绿到底，千年茶树不移蔸。男又答：哥有心来妹有心，两人做个树缠藤；两人做个藤缠树，树死藤枯永不分。还有湖北恩施土家族的“六口茶情歌”等，都是以茶为媒情意绵绵，传递着人间美好的爱情故事。

茶在中国民间婚嫁中也一直成为礼俗的媒介，如湖南湘西贯穿婚姻礼仪始终的“三茶六礼”，是中国民间婚姻礼仪的代表。“三茶”即订婚时称“下茶”，结婚时称“定茶”，同房时称“合茶”。同时有始于周代的“六礼”，即纳采、问名、纳吉、纳徵、请期、亲迎相伴随，代代传承至今。

■ 湘西采茶婆媳

■ 湘西采茶女

8. 哲学意义上的茶 “茶”即“心”。中国古人的“心”即意识、思维、体悟。从哲学上讲，茶性、茶德、茶道，实为人性、人德、人道。唐代韦应物（737—792）称赞茶“洁性不可污，为饮涤尘烦”。苏东坡把茶誉为“清白之士”。宋徽宗称茶“清和淡洁、韵高致静”，佛家倡导“茶禅一味”等，都体现了茶即“心”。2014 年 4 月 1 日，习近平主席在欧洲比利时的布鲁日欧洲学院演讲到中国茶时说，茶“含蓄内敛”，可“品茶品味品人生”。说的就是人们对茶的认识和体悟。难怪乎有人曰：以心品茶，丝竹之声为人声，松涛之啸为人啸，篁林之幽为心幽；与人品茶，人茶共品，出神、出趣、出慧、出智，心为茶之初雪，茶为人之甘露。等等，当然还可表述许多意义上的茶。

■ 寺院茶礼

（二）茶的价值功能

与上述茶的文化涵义密切联系的，是人类在漫长的社会历史长河中，发现、利用、体悟和联想茶的基础上，逐步使它具有能为人类雅俗共赏，既可物质享用，又可精神享受的价值功能。

1. 茶园是人类生存的一种环境 “绿水青山就是金山银山”，这是当年习近平同志在浙江省任省委书记视察浙江省安吉县山区时的论断，2003 年 4 月 9 日，他还指出：“一片叶子成就了一个产业，富裕了一方百姓”。

■ 机械采茶

2. 茶是百姓的一种民生和生活习惯 种茶、制茶、卖茶的是养家糊口的生计；对用茶、饮茶的百姓是“柴米油盐酱醋茶”的日常生活所需。中国

■ 广东早茶文化中的“一盅两件”

人口干时饮茶解渴，疲劳时饮茶提神，烦闷时饮茶清心，滞食时饮茶去腻。茶还是中国人的一种生活方式和乐趣，林语堂先生说：“中国人最爱喝茶。在家中喝茶，上茶馆也喝茶，开会时喝茶，打架讲理时也要喝茶；早饭前喝茶，午夜三更也要喝茶；有清茶一壶，中国人便可随遇而安”。他还说：“饮茶为整个国民的生活增色不少，它在这里的作用超过任何同类型的人类发明。”难怪余秋雨先生说：中国人“只要茶盅在手，再苦难的日子都会过得下去”。中国人把茶当作“国饮”，也带动了茶产业的发展。

茶也只有成为生活化、产业化，才能延续几千年，得以更大发展。据《新唐书 · 食货志》记载：唐德宗建中元年（780），唐德宗李适采纳户部侍郎赵赞的建议开始征收茶税。唐德宗兴元元年（784）废除茶税，但不久到唐德宗贞元九年（793），李适又采纳盐铁史（使）张滂建议恢复茶税，税率为 1/10，当年收入 40 万贯。到唐文宗大和年间（827—836）江西饶州浮梁成为当时全国最大的茶叶市场，“每岁出茶七百万驮，税十五余万贯”（《元和郡县志》卷二八《饶州浮梁县》）。而当时全国矿冶税不过 7 万贯，一个浮梁县的茶税就是全国矿冶税的两倍，可见茶业发展的作用。到唐宣宗时（846—859）“天下税茶，增倍贞元”，年茶税 80 万贯，成为唐代后期财政收入的重要来源，从而使茶叶成为独立的经济产业至今。现在种茶的是一产，制茶加工的是二产，贮运卖茶、出口贸易的是三产，以后又延伸出茶具、茶艺、茶玩赏、茶文艺、茶休闲等，有人称为2.5产，由此带动了社会许多人就业，也为国家交纳了许多税收。现在我国不少地区农民要脱贫致富，茶业发挥着很大作用，从而更引起地方政府的重视，如贵州、云南、福建、四川、河南、安徽、湖南等一些地区。杭州市的梅家坞、龙坞、龙井等茶区的农民富得流油，靠的也是茶业；龙泉、景德镇等地这些年的瓷器新出路也是靠茶器、茶具、茶玩等。

■ 趣味茶宠

3. 喝茶有利于人的身心健康 古今中外，茶的健康属性，是人们饮茶的第一要义，对此从东汉著名医学家华佗及以后的中华著名的医学家们都论述了茶的保健养生作用（如唐代陈藏器、裴汶，明代李时珍等），居在深山修炼的道学和佛学的名士们，如汉代葛玄（164—244）及侄孙葛洪等、唐代百丈寺怀海大师等种茶喝茶的养生之道都已证明。陆羽《茶经》第七章“茶之事”中也例举了大量人文典故，说的也是饮茶有利于人体身心健康。现在世界上把“绿茶、红葡萄酒、豆浆、酸奶、蘑菇汤、骨头汤”定为六大保健饮料，可见世界也青睐茶的保健养生功能。

绿茶居六大保健饮料之首

(1) 几则范例。例一，早几年中国人均 GDP 在世界排名 120 位，可人均预期寿命是第 70 位，一般说，人的生命与经济生活成正比，而中国则相差 50 位左右，世界上有人研究认为，这与中国人喝茶需熟水有关。

例二，对诸多长寿者调查，几乎都有喝茶和心态好的经历。

例三，瑞典卡罗林思医学院对 61 057 名（40 ~ 76 岁）女性患卵巢肿瘤情况的调查。一天喝一杯茶的降低 18%；喝 1 ~ 2 杯茶的降低 24%；喝两杯以上茶的降低 46%。

例四，最近我看到资料，美国哈佛大学医学院的研究发现，茶叶中多种抗氧化剂具有扩张血管作用，经常喝茶者可使心脏病发作幸存率提高 28%。他们还对 530 469 名女性和 244 483 名男性进行调查。他们对参与调查者的饮食情况进行了 7 ~ 20 年的跟踪调查结果发现，每天喝一杯茶（230 克）的人要比不喝茶（也不喝咖啡）的人患肾癌的危险低 15%。

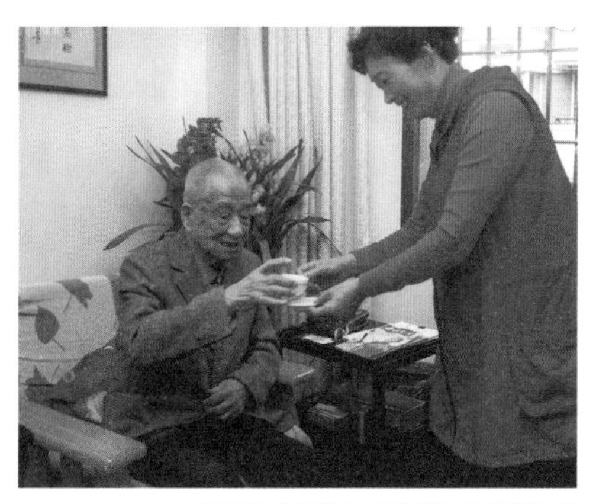

1910 年出生的茶界泰斗张天福先生把每天喝茶当作一种生活方式

100 岁时的王家扬先生

茶界泰斗 108 岁高龄时的张天福先生

实际上，12 世纪茶在日本能广泛传开，以及 16 世纪时欧洲的传教士们把茶传播到欧洲，介绍的也都是茶的保健药用功效，1658 年，英国伦敦报纸上第一则茶广告也是宣传茶的药用价值。

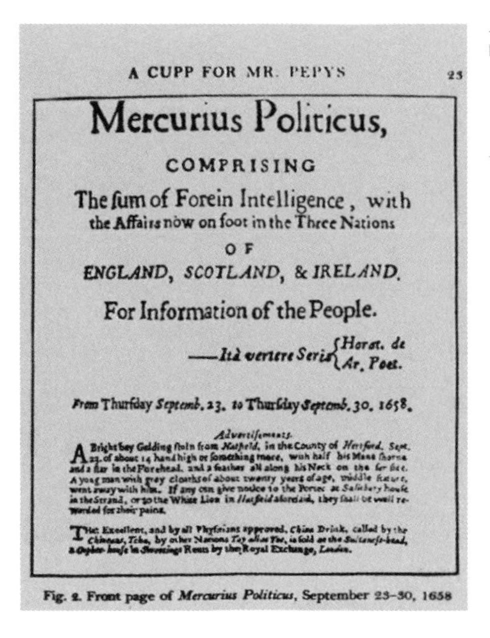
A CUPP FOR MR. PEPYS 23

Mercurius Politicus,
COMPRISING
The ſum of Forein Intelligence, with the Affairs now on foot in the Three Nations
OF
ENGLAND, SCOTLAND, & IRELAND.
For Information of the People.

—Ità vertere Seria {Horat. de Ar. Poet.

From Thurſday Septemb. 23. to Thurſday Septemb. 30. 1658.

Advertiſements.

A Bright bay Gelding ſtoln from Hatfeild, in the County of Hertford, Sept. 23. of about 14 hand high or ſomething more, with half his Mane ſhorne, and a ſtar in the Forehead, and a feather all along his Neck on the far ſide. A young man with grey cloaths of about twenty years of age, middle ſtature, went away with him. If any can give notice to the Porter at Saliſbury houſe in the Strand, or to the White Lion in Hatfeild aforeſaid, they ſhall be well rewarded for their pains.

That Excellent, and by all Phyſitians approved, China Drink, called by the Chineans, Tcha, by other Nations Tay alias Tee, is ſold at the Sultaneſs-head, a Cophee-houſe in Sweetings Rents by the Royal Exchange, London.

Fig. 2. Front page of Mercurius Politicus, September 23-30, 1658

■ 英国早期的茶叶商人托马斯·加威（Thomas Garway）在1658年9月23—30日的刊号上刊登了英国最早的茶叶广告

茶叶中的营养物质

茶营养成分	含量（%）	组成
蛋白质	20 ~ 30	谷蛋白、球蛋白、精蛋白、白蛋白等
氨基酸	1 ~ 5	茶氨酸、天冬氨酸、精氨酸、谷氨酸、丙氨酸、苯丙氨酸等30多种
生物碱	3 ~ 5	咖啡因、茶碱、可可碱等
茶多酚	20 ~ 35	儿茶素、黄酮、黄酮醇、酚酸等
碳水化合物	35 ~ 40	葡萄糖、果糖、蔗糖、麦芽糖、淀粉、纤维素、果胶等
脂类化合物	4 ~ 7	磷脂、硫脂、糖脂等
有机酸	≤ 3	琥珀酸、苹果酸、柠檬酸、亚油酸、棕榈酸等
矿物质	4 ~ 7	钾、磷、钙、镁、铁、锰、硒、铝、铜、硫、氟等30种
天然色素	≤ 1	叶绿素、类胡萝卜素、叶黄素等
维生素	0.6 ~ 1.0	维生素A、B_1、B_2、C、E、K、P、U，泛酸，叶酸，烟酰胺等

（2）喝茶有利于人的肌体健康。现代科学研究表明，茶有 500 多种（现在也有说 700 多种）化学成分，其中有 50 多种无机化合元素对人体健康有利。尤其茶中的茶多酚、儿茶素、茶氨酸、茶碱（咖啡因）、茶多糖、维生素（C）、皂甙、芳香物质、矿质元素、纤维素等是对人体健康有益的药效成分不仅对生长发育有益，而且具有帮助人体保健功效。

茶叶活性成分的主要保健功能

保健养生功能	茶多酚（儿茶素）	茶黄素（茶色素）	茶氨酸	咖啡因	茶多糖
降血脂	✓	✓			
减肥	✓	✓		✓	
降血糖	✓	✓			✓
降血压	✓	✓	✓		
抗衰老	✓	✓	✓		✓
抗辐射	✓	✓		✓	✓
防癌抗癌	✓	✓	✓		✓
抗病毒	✓	✓	✓		✓
抑菌消炎	✓	✓			
免疫调节			✓		✓
镇静安神			✓		
抗抑郁			✓		
改善记忆			✓		

现代科学还表明，水是维持人类生命的基本物质要素，没有食物，人有可能存活 6 周左右，如果没有水的话，生命只能维持 1 周左右。水作为生命之源，最重要的原因是水的生理功能。人体 70% 左右是水、每 18 ~ 20 天替换一次，适当多喝健康水有利于新陈代谢，有利于身心健康。功能性的“健康好水”具有四个条件：一是含有充分矿物质（微碱性）；二是拥有六角结晶，带有好的能量及信息；三是水分子小，排列整齐，密度性高，渗透力强；

四是含氧量高，氧化还原地位低，携带负电位的。但人类光喝清水，不仅生活淡白无味，也喝不多，大自然提供了蔬菜水果可补充水，人类也创造了类似酒文化、饮食文化、茶文化等，它们不仅微量元素丰富，补充了人体所需的健康水，而且口味多样，也丰富了人们的生活品质。但水是水、茶是茶，各有独特的功效，不能混为一谈。当然，好茶需要好水沏泡。明代张大复在《梅花草堂笔谈》中说："茶性必发于水，八分之茶遇十分之水，茶亦十分矣；八分之水，试十分之茶，茶只八分耳。"

有人担心茶的安全。杨绛先生早在20世纪40年代写的《喝茶》一书中说：美国留学生讲卫生不喝茶，只喝白开水，说是茶有毒素，正如伏尔泰的医生劝伏尔泰戒咖啡，因"咖啡会有毒素，只是毒性发作得很慢"。伏尔泰风趣地笑答："对啊！所以我喝了七十多年，还没有毒死。"她又举例，"唐宣宗时，东都进一僧，年一百三十岁［据北宋《南部新书》记载：唐大中三年（849）东都洛阳一僧人年一百二十岁］，宣宗问服何药？对曰：'臣少也贱，素不知药，唯嗜茶'。因赐名茶五十斤。""看来茶的毒素比咖啡的毒素发作得更慢些。爱喝茶的，不妨多多喝吧。"杨绛先生2016年5月仙逝，活到105岁。

■ 杨绛

当然，现在中国人的生态环境远不及20世纪40年代，而且某些环境问题的确也令人担忧。但在社会普遍关注食品与环境安全的情况下，有机农作物已在引起消费者、生产者和政府的高度重视。陈宗懋院士研究认为，只要科学泡饮，并即泡即喝对人体影响甚少。关键是科学饮茶有利于健康。

我国六大茶类的主要区别

六大茶类包括：红茶、黑茶、黄茶、青茶、白茶、绿茶，是根据基本加工工艺来分的						
茶类	红茶	黑茶	黄茶	青茶(乌龙茶)	白茶	绿茶
基本加工工序（关键工序加粗）	萎凋→揉捻（切）→**发酵**→干燥	杀青→揉捻→**渥堆**→干燥	杀青→揉捻→**闷黄**→干燥	晾青→**摇青**→杀青→揉捻→干燥	**萎凋**→干燥	**杀青**→揉捻→干燥
发酵程度	全发酵	后发酵	轻发酵	半发酵	微发酵	不发酵
代表茶	祁红（安徽祁门）、滇红（云南）等	安化黑茶（湖南）、普洱茶（云南）等	君山银针（湖南）、蒙顶黄芽（四川）等	铁观音（闽南乌龙）、大红袍（闽北乌龙）等	白毫银针（芽茶）、白牡丹（叶茶）等，安吉白茶属绿茶类，不是白茶	西湖龙井、洞庭碧螺春等

（3）喝茶还有利于人的心理（包括精神、情绪、智力）健康。唐代诗人卢仝《七碗茶诗》最能体现喝茶有利于肌体、心理、智力和社交健康了，“一

碗喉吻润（解渴），二碗破孤闷（心情），三碗搜枯肠，唯有文字五千卷（益智思），四碗发清汗，平身不平事，尽向毛孔散（情绪），五碗肌骨清（肌体），六碗通仙灵，七碗吃不得，唯觉两腋习习清风生。蓬莱山，在何处？玉川子乘此清风欲归去。”（愉悦得物我两忘，乐生成羽，当仙子去了）。难怪唐代大医学家陈藏器在《草本拾遗》一书中说："茶为万疾之药”。苏东坡说："何须魏帝一丸药，且尽卢仝七碗茶”。

现代科学表明，人有“肉体”和“意识”，即生理和心理两套生命系统。有科学研究认为，影响肌体健康的因素：遗传基因占20%，环境因素占20%，心态占60%。心情愉悦，人的免疫力会提高，对肌体健康有利。杭州师范大学生物生命学教授曹明富在一次论坛上《茶与生命·基因红学》中说到，饮茶除了有益于人身体生理健康外，品茶可使人精神饱满，心情愉悦，精神、心情愉悦，对人体免疫功能的影响作用，有益于身体健康。他以科学依据说，“喝茶会让你莫名其妙地开心。主要是茶叶中特有的氨基酸会促进人体中的多巴胺的大量分泌，而多巴胺是主导人体情感愉悦感等的物质”。“多巴胺是一种通过肾上腺素和去甲肾上腺素的并躯体，它对控制大脑神经细胞兴奋传达起着

■ 陈香梅女士

重要作用”。所以，“喝茶的愉悦感是不自主的，不受意念控制的”。林语堂先生说“只要有把茶壶，中国人走到哪里都是快乐的！”如1925年生的陈香梅女士，2018年3月仙逝，享年94岁，她30多岁时带着两个女儿赴华盛顿闯荡，凭着过人的智慧和胆识，在美国政界、商界赢得了一席之地，成为中美友好的使者，世界华人华侨领袖，著名社会活动家。谈到养生之道，她说，我有“五爱一戒”，爱喝茶、爱运动与旅游、爱打牌、爱歌舞、爱听快乐的事；戒烟。可见，茶与华人相依为命，结了不解之缘。

(4) 以茶养生。最近，我在2017年6月的《现代养生》杂志上看到一则“‘五独’养生”文章，文中说：北京一家“老年养生”研究机构对50位年逾耄耋的老人养生状况进行调研，结果发现长寿老人的养生之道，都包容在“独住、独酌（饮少量自己制的药酒）、独饮（茶）、独坐、独行”的生活

■ 作者会见陈香梅女士

习惯，其中42位老人“五独”俱全。这“五独”的涵义是老人需要“心神宁静”“心灵净化”。这些老人从年轻时就有独自饮茶的偏好，安坐在家中或茶馆，滚开水泡茶，自品清茗，杂念沉降，心境安逸，茶香飘弥。独饮清茶，既是淳朴、悠闲的生活流韵，也是传统、自然的养生方法。据医学研究表明，独自饮品茶，心神无扰，植物神经系统活跃，肠胃蠕动加快，能充分吸收茶叶中的多种维生素和氨基酸，有效地减缓衰老、增强记忆力、降低胆固醇和血脂浓度，防止一些心血管疾病。

所以，健康养生，包括养身、养心、养神、养性、养眼、养情等。能静下心来泡壶工夫茶，欣赏精致多彩的茶具和明澈多色的茶汤时，慢慢地品啜回味，“放下亦放下，何必多牵挂”油然而生。淡泊明志，才可宁静致远呀！这就是茶的“冲淡简洁、韵高致静”之处，也是人身心健康的秘籍。

4.茶是休闲生活的一种方式 自古以来，中国老百姓劳累了、歇歇脚，泡上一杯（壶）饮茶消闲；文人雅士“同二三人共饮，得半日之闲，可抵十年尘梦”（周作人语）。

在古代，文人雅士、商贾达贵和有经济条件、悠闲的茶人等四方人士汇聚、休闲消遣之地首选茶馆（茶楼、茶坊、茶肆等）之类。中国休闲城市成都、杭州、开封等城市的人对茶更情有独钟。

陆羽《茶经》“七之事”中，有这么一则人文典故，西晋时期（约280年）有个叫张载（张孟阳）的到蜀探亲作了《登成都楼诗》，诗中他描述了访茶问故成都盛况后“芳茶冠六清，溢味播九区。人生苟安乐，兹土聊可娱”。大概是说：成都的芳香的茶茗胜过各种饮料，美味盛誉传遍全天下。如果寻求人生的安乐，成都这块乐土还是能够让人们尽享欢乐的。古人已把成都这座休闲城市的特点描绘得淋漓尽致。巴蜀这个地方是个神奇的“茶人”之地，清代学者顾炎武在《日知录》里考证：“自秦人取蜀之后，始有茗饮之事。”从开始有文字记载的茶典故大多发生在古代的巴蜀地区，如扬雄、司马相如、王褒等汉晋期间爱茶的文人、士大夫都出在四川。

■ 顾炎武

八朝古都开封，生活节奏上本就是比别的地方慢半拍的城市，这里遍布着历史、古迹、传说，这里的人喜欢喝茶，茶馆遍及古卞梁，现代在最困难的时候，很多人也要用大搪瓷茶缸泡上廉价的茉莉花茶喝茶聊天。生活中的许多琐碎的小趣味，在这里都被放大，变成了一种生活状态，如斗茶等。

如今生活好了，懂茶的人多了，更是讲究，据说在北方的城市里，开封可谓独树一帜。开封人这样评价喝茶与茶馆：都市生活的节奏实在是太快了……大家都感到累。那就歇歇吧，懂得歇，是人生的另一种况味。而茶馆（室）是暂时歇歇——歇脚、歇心、静静地思考的好地方。通过静思、反省，再前行。当然，还有后来的大都——北京，老舍的《茶馆》已描述得淋漓尽致。

杭州市这座休闲城市，至1984年前市区街道经营的小茶馆只剩21家。但好闲适的杭州人，不会拘泥于茶馆，他们自己外出带茶到玉泉、虎跑、柳浪、花港等24处风景区域去休闲享受。随着休闲时代的到来，茶及茶文化在人们休闲养生中更会具有独特的作用。

古色古香、京味十足的老舍茶馆接待了很多中外名人

杭州湖畔居茶楼

5. 茶是中国人礼仪和修身的媒介　重礼仁是中华民族的传统美德，周朝就有以茶祭天、祭地、祭祖先神灵等礼仪风尚；中华56个民族都有“以茶利礼仁”的好传统，如客来敬茶、茶孝奉长辈、婚嫁大礼时敬奉茶礼等习俗。

茶也是人们社交的很好方式，民间以茶为媒、以茶会友、以茶会文、茶沙龙等各种茶会，比比皆是。

茶也有利于促进人际、家庭、社会友好关系。茶性含蓄内敛，以茶会友时大家都比较心平气和、很少高声喧嚣，更少争吵;开会辩论喝茶益智、静心，很少胡言乱语，并可避免有失于举止仪态的行为（如魏晋时玄学家好清谈辩论，以茶代酒的例子）；家人闲时能常聚在一起品茶聊天利于相互沟通、融洽关系，家庭也会和睦稳定；青年男女恋爱时在酒吧约会与在茶室约会的行为举止文明程度会大不相同，在茶室约会、会更清醒地“品茶品人品生活”。

中国人重礼仪既是文明行为，更是人生自性的修养。修身养性在中国词汇中是指修养人的好脾气，即好性格、好性情、好秉性。中国古代文人雅士尤其士大夫从社会担当的使命感出发，比较注重“内心反省，培养完善的人格”。而读书有文化，是他们修养人格的第一要义。他们在把诗、书、礼、乐等作为文化熏陶、修性怡情的重要形式的同时，还会在自然界寻找“性”相通的东西托物寄情，如“梅、兰、竹、菊”称“四君子”，“松、竹、梅”为“岁寒三友”，在山水之间陶醉超然于物外等。有人倡导茶“三分解渴七分品”的品饮艺术。“三口为品”，品强调的是切身的感悟与体验。品饮艺术在完成了中国人对茶从粗放型混饮法向细煎慢啜的品型清饮法过渡。茶过渡到品型清饮以后，静下心来泡茶是种养性——静致；能品茶者是种品位。与“琴棋书画诗曲花香”结合，使人进入一种澄心静虑、怡情悦性的境界，所以，有学者说，陆羽倡导的茶的品饮艺术，标志着茶文化的成熟。特别是自唐代以来，儒释道的文人雅士们以茶修身，精行俭德，寄寓了深厚的人文品格，蕴含了高尚的人格精神。

历史上的文人雅士如此，现代的大文豪们也如此，如鲁迅、老舍、林语堂、杨绛等大文豪们都是爱茶、品茶，品味的好手，他们都写过富有人生哲理的类似《喝茶》的文章。现代词学家夏承焘先生说："若能杯水如名淡，应信村茶比酒香"，说的是以茶修身，人生甘苦沉浮尽在品茶人的境界（心境）。凡此等等智者贤达们，都喝出了一套一套的"喝茶"的理论，尽管"喝

■ 禅茶一味

■ 齐白石赠毛泽东《茶具梅花图》

茶”理论表述的文字有所不同，但客观上都秉承了《老子》的“道生之，德蓄之，物形之，势成之”“辅万物之自然而不敢为”的精神。因为茶里既有大千世界的斑驳色彩，又有生活的酸甜苦辣，茶就像人们自身的人生经历，意味深长、回味无穷。有人有这么一段感悟：品一口好茶，品到的不只是茶的滋味，而

■ 道教与茶也有着深厚的历史渊源

是一种隽永的情调。固然，茶苦是本质，而苦绝不留口，苦能转甘，才是豁然开朗。生活的人生，也是一种苦转乐的人生。像茶的滋味，入口苦，细细品味就可以感受它转甘的豁达。在茶的苦味中，去创造一种新鲜有意味的品质生活。

■ 中国人的生活离不开茶

现代中国，在市场经济条件下，人们紧张焦虑、心浮气躁，清静不了的现象随处可见，任性固执、刚愎自用的人也不少见。如能静下心来泡壶好茶，喝茶、品味、读书习字，是人们以静制动，以慢生活调和快节奏，修身养性、陶冶情趣的一种极好的形式。2014 年 3 月 18 日，习近平总书记在参加河南省兰考县委常委扩大会议时教导干部："空闲时间陪伴家人，尽享亲情。清茶一杯、手捧一卷、操持雅好、神游物外、强身健体、锤炼意志，这样的安排才是有品位。"

6．茶可体现领袖风范 当代我国的领袖们都喜茶、喝茶、重视茶，并把茶的故事频频运用到内政外交、安邦理政上，茶是讲好中国故事的极妙题材，也展现了政治家们的政治智慧，高超的领导艺术及大国领袖的风范。如民主革命先驱孙中山先生把茶写进他的《建国方略之二》，并指出：“茶为文明国们既知已用的饮料……就茶言之，最为合卫生最优美之人类饮料。”

新中国的领袖毛泽东不仅喝茶、吃茶（他往往茶汤喝完后，把茶叶在嘴里嚼烂后吃下去），还关心茶业发展，他在杭州多次视察西湖龙井茶园，还亲自采摘西湖龙井茶（此树现在西湖景区龙井路的杭州西湖龙井茶叶公司的办公楼旁）。

■ 十八棵御茶

周恩来总理不仅关心茶业发展，还亲自修改周大风先生作词作曲的《采茶舞曲》，尤其在2016年G20峰会期间举办的《最忆是杭州》晚会以后，《采茶舞曲》更成为世界闻名的优美之曲。1972年2月21日，美国总统尼克松夫妇一行为恢复中美邦交正常化来到中国，被世人称为“破冰之旅”。

■ 毛主席在杭州西湖边的采茶处

周恩来总理分别在北京和杭州用茶席、茶宴既不卑不亢又热情友好地接待了尼克松一行。当尼克松在北京钓鱼台国宾馆品着中国茉莉花龙井茶，听着周总理为他们精心安排的《美丽的阿美利加》优美的美国曲子，他凝视着朴素

■ 1972 年 1 月 22 日，美国总统尼克松夫妇一行为恢复中美邦交正常化来到中国

大气的周总理，不自主地冒出："中国有如此伟大的领袖，一定有伟大的人民。"以后尼克松在他回忆录中写道："我知道，这只是他们待人接物的一种方式，但在事实上，这表明中国人对他们的文化和哲学的绝对优势坚信不疑。凭借这一优势，他们总有一天会战胜我们和其他人。"

习近平总书记无论在国际交往舞台还是国内理政，他频频用中国茶和茶文化讲好中国的故事。2012 年，时任国家副主席的习近平，在美国的马斯卡廷会见 27 年前他任厦门市副市长访问美国马斯卡廷时的老朋友，这次茶聚既重温当年友谊，又促进中美两国人民的友好交流。从 2013 年 3 月以后，他在国际交流中，以中国国家主席、中共中央总书记的身份，在俄罗斯，从

历史上中俄的“万里茶道”，论当今的中俄“万里油管”的合作友谊；在欧洲比利时布鲁日欧洲学院演讲时的“茶酒论”，纵论中欧可“多元一体”“和而不同”，合作共赢；在巴西从200多年前的中国兄弟把茶籽带去巴西，论“当年撒下的是希望，今天收获的是喜悦，品味的是友情”，中巴虽远隔重洋，可“海内存知己、天涯若比邻”；在英国谈中国茶在英国别具“匠心”，可做到英式红茶的“极致”等。在轻松的外交气氛中，体现出大国的风范和中国政治家的高超智慧。

习近平总书记这一系列的立意高远的“论茶”“说茶”，都说明茶和茶文化不仅是老百姓的“柴米油盐酱醋茶”，也不仅是文人雅士书房的“琴棋书画诗曲茶”，而且完全可以走进政府的殿堂，成为政治家们讲好中国的故事的极好题材。

■ G20杭州峰会文艺晚会中的《采茶舞曲》惊艳各方来宾

■ “中国共产党与世界政党高层对话会”海报

■ 英国著名茶文化学者、作家简·佩蒂格鲁

7. 茶可流行世界 源于中华的茶，茶随人走。世界上只要有华人的地方，都会有茶的飘香，所以现在不仅对海内外的华人而言“壶里乾坤大，杯中日月长”，而且已经流行全世界。地不分东西南北、中外，民族不分语言肤色，人不分男女老幼，位不分贵贱尊卑，茶可谓雅俗共赏，全世界有60个国家（地区）种茶，有160多个国家（地区）、20多亿人饮茶。

英国学者简·佩蒂格鲁著文说：这个世界上没有哪种饮料具有茶所拥有的这么多消费者。

中国茶，很早以前通过陆路与海路传播到世界各地，如传说先秦时期徐福为寻长生不老仙药时就带3 000名童男童女、500名技工去过日本和韩国，也可能有茶叶（茶籽）的传播；据说西汉使臣张骞西域行时便在中亚发现了邛杖、蜀锦和茶叶等来自巴蜀的特产等，所以，有学者推测，中国茶叶已在国外传播了2 000多年的历史。但真正有史料明确记载并可考证的应是唐代以后。茶叶传到日本，都与日本从唐代开始长期向中国派遣遣唐使与佛教留学僧制度有密切关系。如日本史料上最有影响的三位来唐留学佛教并带回包括茶叶及泡饮茶方法的是最澄、空海、永忠三位大和尚。以最澄（762—822）为例，他12岁出家，20岁受戒。他在京都比睿山结庵修行时，研读到鉴真和尚从中国带去的天台宗章疏的过程中对天台宗萌发了相关兴趣，经

■ 日吉茶园 由姚国坤教授提供

天皇批准来浙江天台山国清寺留学。天台山被人称为“佛宗道源”之地，是盛产云雾茶的名山。在805年春，最澄学成回日本时，台州刺史陆淳为他饯行，用的就是以茶代酒的茶宴。最澄不仅在日本创立了天台宗还将中国天台山带去的茶种子播种在日本京都比睿山麓的日吉神社旁，从此结束了日本列岛无茶的历史。

与最澄同时期的空海大和尚也在唐时来中国留学佛教，回去创立了佛教真言宗，也带去了中国茶叶及饮茶方法。他们分别借助日本天台宗和真言宗创始人的影响地位，在日本将饮茶引入日本寺院佛堂和上流社会。日本天皇嵯峨(786—842)是诗人，也是茶文化在日本助推者。他在位的弘仁年间(810—824)，日本饮茶活动形成了“弘仁茶风”。特别是12世纪中国南宋时，日本荣西大和尚（1141—1215）两次来台州天台山万年寺、杭州径山寺等地留学佛教期间，学习了天台山的以茶养生和径山寺茶会并带回日本，更广泛地助推了茶及茶文化在日本民间流行。日本佛教高僧们将茶与佛教规式与社会道德规范相结合逐渐形成了以“和、敬、清、寂”精神的“日本茶道”，此“茶道”形态入神、仪式感强、行为规范、气氛肃穆庄严。2015年10月，日本东福寺僧人们来杭州径山寺参加“茶会”表演的“敬茶”仪式，神韵气定、气氛庄严、行为规范、仪式肃穆，已远远超出宋代径山寺“茶会”的原来意义。作为宗教修行的规式，值得“茶会”祖庭的径山寺僧人们研究、深思、借鉴。更重要的是佛教饮茶与养生饮茶之风带动了日本社会饮茶之时尚。2017年4月中国国际茶文化研究会派出赴日本静冈县参加茶事活动的同志考察说：现在，日本国民每10个人中8个人喝茶，人均茶消费在3 000克以上，而且，日本对茶叶的深加工，如在“吃茶”“用茶”上的发展也值得我国研究借鉴。

■ 日本东福寺僧人的“茶道”仪式

■ 日本静冈县在售的茶产品

韩国史料记载种茶早日本200多年。早在6世纪就有种茶历史和传说。史料可明确考证的是韩国兴德五三年（828），有当时韩国遣唐使金大廉在中国留学佛教时带回茶种子，种于地理山（今智异山）下的华岩寺周边。后逐渐扩大到以双溪寺为中心的各寺院及全国。韩国是个尊孔崇儒的国家，十分重视家庭伦理道德教育，他们把茶的禅宗思想与道德教育融为一体，形成了以“清、敬、和、乐”为精神的“茶礼”，从寺院到上层乃至民间流行。把“茶礼”融入到民间的婚丧嫁娶、迎来送往、年节祭祀之中应用。不仅规范了人的言行，还推动饮茶在韩国普遍流

■ 韩国茶礼表演

行。2014 年我在江西奉新县百丈山的百丈寺，见到韩国女士们茶艺与神态完美地相融合的茶礼表演，对这种显于形、蕴于神的“茶礼”精神内涵有深深的感慨。

2016 年 10 月 18 日，在开封市举行的第十四届国际茶文化研讨会上，韩国韩中茶文化交流协会会长、毕业于安徽农业大学茶学的博士生俞晶壬女士在演讲介绍韩国草衣禅师把中国儒家的中庸精神与佛家中道思想结合，提出一套“中正”“不二”的泡茶法，使人领悟到是“无心境界的一种修养”。

■ 韩中茶文化交流协会会长俞晶壬在第十四届国际茶文化研讨会上演讲

中国茶引入欧洲诸国，主要是凭借航海事业的发展。1514 年后，葡萄牙的船只和荷兰东印度公司成立，先后与中国澳门开始海上贸易。中国茶首先是由葡萄牙、荷兰传到欧洲的，也与西方大批传教士的介绍推广所分不开。如 1560 年，葡萄牙传教士克鲁兹写文章介绍中国茶时说：“此物味略苦，呈红色，可治病。”意大利威尼斯传教士贝特洛也说：“中国人以某种药草煎汁，用来代酒，能保健防疾……”所以欧洲人，如丹麦国王御医们介绍中国茶好处时：“来自亚洲的天赐圣物”，是“能够治疗偏头痛、痛风和肾结石的灵丹妙药”。所以，早期、中国茶进入欧洲，是以药的身份出现的，价格昂贵，只有豪门富商才享用得起。饮茶能在英国乃至欧洲狂热成风，不能不提及英国的两位“贵夫人”。一位是被人称为“饮茶皇后”凯瑟琳公主。凯瑟琳是葡萄牙公主，1662年嫁给英国查理二世国王时，带去了大量中国的红茶及瓷器茶具作陪嫁品，凯瑟琳公主成为英国王后后，在宫廷和贵族妇人中开创了饮茶之风，并在英国皇室成员和贵族中流行。同时期，中国茶

■ 葡萄牙公主凯瑟琳被称为“饮茶皇后”

■ 英式下午茶

也在英国咖啡馆经营开来。另一位是生活在 18 世纪末、19 世纪初的贝德芙公爵七世的夫人安娜·玛利亚公主（1788—1861），也以爱饮中国茶著名，她不仅在温莎堡的会客厅布置了茶室，邀请贵族共赴茶会，还特别请人精心制作了银茶具组、瓷器柜、小型易移动式茶车等。她又往往在下午茶聚，呈现出“安娜公主式”的艺术风格。经安娜·玛利亚的倡导，人称英式“维多利亚下午茶”在英国流行，凯瑟琳、安娜·玛利亚饮茶方面的创举大大提高了英国妇女的地位。

茶在英国的大量消费，出现了国际贸易的大量逆差，为此，英国从而一方面以鸦片倾销毒害中国、以补茶贸易上的逆差，另一方面从中国偷茶种子在他们殖民地印度、斯里兰卡、非洲等大量种植。17、18 世纪的英国正处工业化崛起时期，中国茶改变了英国喝生水的习惯，躲过了 18、19 世纪两次霍乱流行的灾难，也让英国度过了工业化的某些困窘——如“伦敦雾都”的环境污染，增加了英国扩张的图谋。

■ 大英博物馆内陈列的中国茶具

■ 川藏茶马古道上的马队

中东及阿拉伯人大都信奉伊斯兰教，伊斯兰教的《古兰经》禁止信徒饮酒，伊斯兰教的教义中“和谐、清洁、纯真”精神与中国茶性相一致，所以，也喜欢中国茶。茶可能是“丝绸之路”传播过去的，也可能经我国甘肃、青海、宁夏、新疆等地从“茶马古道”交流过去的，还可能经我国广州、泉州、宁波等沿海港口的“茶船古道”穿越大海，流向世界。总之，由于茶消费的扩大和科学技术的发展，中国茶通过各种渠道流传到世界。从而，一片树叶改变了人类的生活，一杯热茶，沟通了东西方文化，茶是全人类健康和生活乐趣的福音。茶也为世界上不少国家的发展作出了贡献，如人类学家艾伦·麦克法兰在回顾17、18世纪英国发展的历史后说：茶叶缔造了大英帝国，没有茶就不会有英国的现代文明。2016年11月5日天宫二号空间实验室上中国航天员首次在太空喝茶，这是中华茶史上的一大创举，是人类茶文明传播地球外太空的一个里程碑。

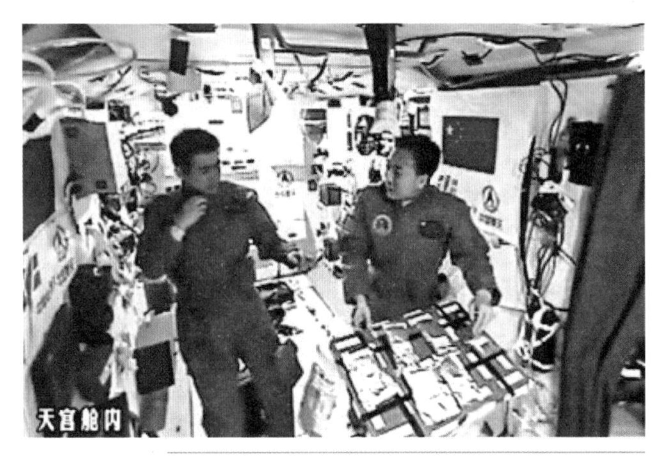

■ 航天员景海鹏（右）在天宫二号介绍太空中的饮食

茶能誉满世界。正如2002年马来西亚总理马哈蒂尔在马来西亚举行的第七届国际茶文化研讨会上所说："如果有什么东西可以促进人与人之间的关系的话，那便是茶，茶味香馥、意境悠远，象征中庸和平。在今天这个文明与文明互动的世界里，人类需要对话和交流，茶是最好的中介（2018年5月，92岁高龄的马哈蒂尔又上台当了总理）。"也正如习近平主席2015年10月20—21日在英国访问时两次论茶中所说："中国的茶叶为英国人的生活增添了诸多雅趣，英国人别具匠心地将茶调制成英式红茶。中英文明交流互鉴不仅丰富了各自文明成果，促进了社会进步，也为人类社会发展作出了卓越贡献。"他还说："中国是茶的故乡，英国则将下午茶文化发挥到极致。"这就是茶能流行天下（茶和天下）的奥妙。茶国际交往的历史表明，只有将别国文明与本国文化相结合，才会创造出新的文明结晶。

■ 俄罗斯画家古斯多吉耶夫的油画《喝茶的贵妇》

四、饮茶文化的演化

2013年，当代中国著名语言学家，第九、第十届全国人大常委会副委员长许嘉璐先生在两岸四地茶文化高峰论坛上，提出的中华茶文化“一体两翼”的论点，印证了习近平总书记的“茶是中国博大精深传统文化中最亮丽的符号之一”论断，许先生说：中华传统文化是以儒、释、道三教文化为主干（体）的多元文化形态组成的，其两翼：一翼是中国中医学文化，一翼是中华茶文化。至于诸多学问及文化艺术等事象都是两翼上的羽毛。有两翼、有羽毛，中华传统文化这个主体才能飞翔。可从上层社会飞进寻常百姓家，

■ 许嘉璐在福建武夷山“两岸四地茶文化高峰论坛”致辞

从中国可飞向世界。许先生又进一步揭示中华茶文化的形成轨迹时说："茶文化之所以有顺天遂人的特性，一靠中华民族对其生长规律的认知和联想，二靠人们对茶性及其与人体关系的深入了解和体悟。"

由此可见，中华各民族发现、利用、探索、感受等内化、德化中国茶叶的历史，就是中华茶文化发展的历史。

陆羽《茶经》"六之饮"开头就说："翼而飞、毛而走、呿而言。此三者俱生于天地之间，饮啄以活，饮之时义远矣哉！"意思是：禽鸟有翅而飞，兽类身披皮毛善于奔跑，人类开口能言，三者都生存于天地之间，依靠喝水、吃食物来维持生命，可见饮食的时间漫长、意义深远。茶及茶文化的发展，实际上茶由人类食饮后，让人类认识到茶的价值，在感受体悟中丰富着茶文化。从饮茶文化而言，茶饮"始于古初草民""着于今世雅士"大致经历了从物质饮（喝）到精神"玩赏"及励志的五个文化演化的层面。

（一）茶的发现

茶是在原始采集时期被先民们无意中发现和利用的。陆羽《茶经》中说："茶之为饮，发乎神农氏。"传说神农氏尝百草，日遇七十二毒，得茶而解之。就是说茶叶是无意和盲目的被发现和利用。神农氏是我国传说中教民耕种的先祖（据说，西汉时把神农氏说成炎帝的，是西汉刘向刘歆父子编著的《世经》，此前《国语·晋语》记载：昔少典娶于有蟜氏，生黄帝、炎帝。后炎帝败给黄帝。但东汉末，虞翻、唐固注译《国语》，还是坚持了黄、炎帝是兄弟说。韦昭注译《国语》更明白指出"神农，三皇也"，在黄帝之前，"黄帝灭炎帝，灭其子孙耳！明非神农可知也"），尤其当时先民没有文字，以后口口相传的东西。神农氏作为中华先民，可能是一个人，也可能是开拓

■ 神农氏

农耕的一群先民，还可能是一个原始氏族部落，但无论如何他（们）是传说中的中华农耕文明的先民，在没有文字的角度也是“草民”。我们的先民，茶叶从神农药用传说起，经历了药用说、食用说、饮用说的过程，尽管无法考证，这“三说”到底谁在前、谁在后，但毕竟是被我们的先民无意中发现，盲目地利用了这一草木之功效。至于以后，茶这一草木能成为“南方嘉木”是人类在实践中不断认知、不断利用、不断体悟、不断发挥的结果，实际上也是人类对茶文明化的结果。

（二）茶的饮用

饮茶是至今广大民众普遍享用的方式。这一饮茶层面，“始于古初草民”的无意中发现和盲目的利用，“着于今世雅士”们“着力”地认识茶叶的功效和揭示茶叶的意义创造了利用和想象的无限空间。“闻于鲁周公”，传说是周公在《尔雅》中最早记载：“槚，苦荼。”这是“茶”的最早文字表述。周朝时茶已列为贡品，如果周公姬旦没饮过，不可能知道“苦荼”也。以后春秋时期，齐有晏婴，汉有扬雄、司马相如，东汉吴国有韦曜，西晋东晋有刘琨、张载、陆纳、谢安、左思等，一大批文人雅士不仅“皆饮焉”，而且西汉文学家、哲学家扬雄说:“蜀西南人谓茶曰蔎。”东晋文学家、训诂学家、道教术数大师郭璞说 :“早采的称为茶,晚采的称为茗,也有的称为荈”。可见汉晋以前茶作为一种植物虽被人类所饮用和利用(如客来敬茶),但“茶”字音义是多样化的,并无明确的称谓,如周公、晏婴、扬雄、郭璞等文人雅士们分别称谓为:槚、荼、蔎、茶、茗、荈等,是唐代陆羽统一了“茶”字的音、义、形以后,使“茶”名正言顺的“雅”了起来,也使饮茶正儿八经地成为了一种人类的饮料。这期间可能还与在深山幽谷修行的道教徒、佛教徒们的生理需要与他们的宗教教义的要求相融合,在寺观周边自己种茶与饮食茶有极大作用。对此历史上有众多记载,如汉代葛玄(164—244)道士就在天台华顶山种茶品茶论道。东晋的慧远和尚也在庐山东林寺附近种植过茶叶,唐代封演的《封氏闻见记》中:“开元中,泰山灵岩寺有降魔师,大兴禅教,学禅务于不寐,又不夕食,皆许其饮茶。人自怀挟,到处煎饮,从此转相仿效,遂成风俗”。

以后,有吴国孙皓让韦曜“以茶代酒”。魏晋玄学家们为了保持辩论时的清醒和仪态,也“以茶代酒”,又有东晋吴兴太守陆纳以茶待客,体现他对当时门阀观念盛行的奢华风气的一种抵制的清俭之气……也充分体现了“茶性俭”。唐代王敷的《茶酒论》中:“百草之首,万木之花。贵之取蕊,重之摘芽。呼之名草,号之作茶。贡五侯宅。奉帝王家。时新献入,一世荣华。”“名僧大德,幽隐禅林。”“供养弥勒,奉献观音。”“将到市廛,安排未毕。人来买之,钱财盈溢。”总之,在雅士们的着力下,唐代茶已风靡盛行成为一种喝的或饮的饮料这是不容置疑的事实。至于是“混饮”还是“清饮”,各有一说,不过,如果当时茶没有“清饮”现象,东吴孙皓如何让韦曜“以茶代酒”,能瞒过满朝海饮酒的文武百官们呢?只有出现了“清饮”现象，再加上陆羽统一了“茶”字，对以后的茶和茶文化的发展意义就不一样了。文人雅士频频地将茶作为饮料享用，当时精英们创造的“饮茶文化”，客观上具有引领和影响着民间老百姓的广泛应用。中国有文字的文化大多是由精英们的提炼传播，使社会中下层民众在潜移默化中产生向往和仿效而在社会普及成为大众文化的。民间对茶饮看重的是它的实效性，不仅可解渴，也可“荡昏寐”、提精神。这样到了中唐，民间的茶肆（茶馆）也开始兴起。如唐代封演《封氏闻见记》中记载：“自邹、齐、沧、隶，渐至京邑，城市多开店铺，煮茶卖之，不问道俗，投钱取饮。”此时茶铺尚属初期，茶肆、茶亭多设在大路驿道交汇处，为行路者解渴或简易饮茶之用。伴随着经济社会发展，城镇和商业市场的兴起，尤其宋代以后，茶肆、茶坊、茶馆的盛行，成为民间休闲和文化生活中的一景。以宋代从开封迁移到“行在”杭州为例，杭州从南宋以来，以闲适安逸的生活著称，茶馆、茶楼、茶坊、茶肆集休闲、饮食、娱乐、交易、清谈等功能于一身，一直成为四方人士汇聚到杭州的主要场所，杭州人把“它”称为第二个家。据《梦粱录》记载，当时杭州“处处

■《清明上河图》中的茶肆

■ 村镇茶馆 美国摄影师卡尔·迈当斯（Carl Mydans）1941 年摄

有茶坊、酒肆……”。该书卷十六“茶肆”条曰：“今杭城茶肆亦如之，插四时花，挂名人画，装点店面。四时卖奇茶异汤，冬月添卖七宝擂茶、馓子、葱茶，或卖盐豉汤，暑天添卖雪泡梅花酒。”“今之茶肆，列花架，安顿青松异桧等物于其上，……勾引观者，留连食客。”即营造文化环境，开设多种休闲消费项目。当然，雇用乐妓歌女招揽生意也成为当时茶馆经营的一道景象，《武林旧事》卷六“歌馆”条中曰：“外此，诸处茶肆……莫不靓装迎门，争妍卖笑，朝歌暮弦，摇荡心目。”杭州茶馆业一直兴旺到明清，至明万历《杭州府志》记载：“今则全城大小茶坊八百余所，各茶坊具有说书人……”可见茶馆在民间生活中的实际作用。茶馆也成了民间的大众茶俗的文化现象。

中国地域辽阔、民族众多，历史文化差异大，老百姓日常生活的喜爱，在民间生活长期积累、演变了各自的茶习俗。尽管各有差异，但都以茶为媒、以茶施礼仁，融入了中华各民族的生活习俗和地域性的文化元素，如长江上、中、下游的茶俗；两广闽台茶俗；中原地区茶俗；北方地区茶俗，新疆、西藏、内蒙古茶俗等表现形式各不相同。茶只有成为“饮品”才能从物质形态向精神形态转化，才能品饮（喝）出“文化”。

茶在民众中形成如此面广量大的普遍消费，从而必然会拉动着茶叶和相关茶产业迅速地发展，从而也引来了唐王朝开征茶赋税之先例，这样也使茶成为了一种独立的经济产业而得到更快发展。随着社会的进步、科学技术的发展，尤其是明朝禁制团茶、倡导散茶、采用泡饮，不仅方便了老百姓喝茶，也刹住了宋代“斗茶”的奢靡之风，而且以后还自觉不自觉地促进了散茶的发酵技术的兴起使茶的品类更多样化。明清以后，茶的家族越来越庞大，不仅有绿茶、以后逐渐有微发酵的白茶、轻发酵的黄茶、半发酵的青茶（即乌龙茶）、全发酵的红茶、后发酵的黑茶等，为适应不同茶的泡饮和茶人的审美观，茶具茶器也越来越讲究，在成为一些人士玩赏品的同时，也逐渐被民间仿效和广泛应用。在普遍饮茶的风尚下，有人倡导茶“三分解渴七分品”的饮茶技艺也应运呼之而出。“品”是三张口，也就可品茶品味品出技艺，使中国人的饮（喝）茶文化又进入了一个新的层面——品茶。从此茶成为人们“玩赏”的“中介”，开始进入了精神层面。如以茶会友，目的是会友，茶作中介而已；品茗赋诗作画，我认为以品茗为由，赋诗作画是兴趣所在等。所以，人们只有把饮茶作为一种生活习俗，尤其是当品饮茶讲究技艺、美感、体悟等的时候，品饮茶成为一门行为艺术，茶的文化性不仅越来越丰富而且具有不断延伸和发展的空间。余秋雨先生说：“相比之下，世上很多美食佳饮，虽然不错，但是品种比较单一，缺少伸发空间，吃吃可以，却无法玩出

■ 沏茶

大世面。那就抱歉了，无法玩出大世面就成不了一种像模像样的文化。”这也是中华茶文化能成为中华优秀传统文化中不可或缺的组成部分的特殊性。

（三）茶的技巧

饮茶时注重茶的色香味，讲究水质、茶具等技巧，喝的时候又能慢啜细品的，这样可称之为“品茶”了。这一层面一般适应喝茶有讲究、有一定品位层次或有经济、时间条件的消费者。陆羽《茶经》四之器中详细地介绍了煮饮茶的茶器具24组共29种，设计成套茶具，专门用于饮茶，他又在“五之煮”前后呼应，是陆羽首创的品茶技艺。有学者说，陆羽的品茶技艺，是茶文化成熟与独立的标志之一。但陆羽也是注重实际的人，他在“九之略”中指出，以上程序在条件不成熟的野外可以省略。作为品茶技艺，“但城邑之中，王公之门，二十四器阙一，则茶废矣！”就是说玩品茶技艺应在有条件的“城邑之中、王公之门”，同时指出如不按程序做算不上是真正的饮品茶，也就是饮茶之道就“废矣”，不存在了。“品茶”，不仅是种饮茶技艺，还需要饮茶的心态和一定的审美艺术。随着散茶“清饮”的普遍推广和科学技术的进步，茶逐步出现了绿、白、黄、青、红、黑六大类不知有多少品种，从而品茶者是百人百念百味，千万人千万念千万味，品出不同的世态心境，品出不同的意义。品茶在“城邑之中、王公之门”和文人雅士的推崇引领下，又渐渐地“玩出”了另一个更高、更雅的文化层面——茶艺。

（四）茶的艺术

茶在泡制过程中讲究环境、气氛、音乐、香事、插花、冲泡技艺及人际关系等一系列重美感重艺术的程序称之为“茶艺”。刘枫先生主编的《新茶经》把茶艺分为生活型茶艺和表演型茶艺两种类型。“生活型茶艺是日常生活中用以自饮或为客人服务的茶艺。”这符合饮茶文化演化的审美要求和中国人“重礼仁”的文化传统。实际上，类似广东、湖南、湖北、贵州、云南等地，尤其是少数民族的“擂茶”，也是生活型茶艺。

表演型茶艺在我看来，茶艺表演的这些内容和程序，恰恰与古代的精英知识分子追求的审美价值观相融合，中国茶文化、水墨文化、香事文化、诗书文化、琴棋文化、花事文化等都是最具有历史性、代表性、独特性和优势性的精英文化注重的陶冶情操的审美形式，它对美学非常讲究。现代有人说“茶艺”重视人美（佳人冲泡表演）、神态美（含蓄典雅、神定气闲）、服饰美（得体、大方）、环境美（室内与野外有别，都要气氛得当，还含有熏香、插花、音乐等衬托），冲泡技艺的娴静、轻盈、到位，还要有茶好、水好、茶汤美等。茶艺表演中虽也有类似四川长嘴茶壶表演的阳刚之美，但更多的是女性柔娴之美，这是苏东坡“从来佳茗似佳人”的真实写照。不过现代“茶艺”表演中往往过分矫情做作、动作过分夸张的多，真正让人耐看的并不多，因为真正的“茶艺”表演，表演者本身要极有文化素养和品味。我亲身观看过两场，给我印象颇深。

一场是2014年11月8日，我应邀参加在江西省奉新县百丈寺举行的第九届世界禅茶文化交流大会，看到韩国三位女士的“茶礼”表演，我在一篇《体验禅茶一味》的记叙文中有这么一段表述：“这道严谨规范的韩国‘茶礼’仪式，使人深深感受到了怀揣一颗感恩之心，清茶敬奉怀海法师（中唐百丈寺的开山鼻祖，“百丈清规”的创始人）的‘敬、清、和、美’的场景。这种植根于东方人文的禅意生活，以一种参禅悟道的情怀，寻找一处清幽的净土。摊上一地敬奉的器具，点上一炉沉香，涤净无数风花雪月后的尘埃；插

■ 韩国茶礼表演

上一盆鲜花，让这世界里花草相依，花与人相生，构建人间的妙曼；敬上一碗清茶，以水润之，用情韵之，用清茶、沉香、花艺寄予一种淡雅的生活格调。这种淡雅是知性的沉淀，是生活的提炼，是美好的表达，它淡显于形，雅至于心，共同构建着人间的和气、和睦、和谐、和平、和美的憧憬。”另一场是 2015 年 10 月 25 日，我在参加浙江大学承

■ 2015 年 10 月 25 日浙大举办国际千人“无我茶会”场面

办的世界“第十五届（千人）无我茶会”时，看到天福茗茶博物院院长李素贞等三位女士在素色“无景”的舞台上，气定神闲、心无旁骛、静静地作彬彬有礼的优雅的“茶艺”表演。此处无声胜有声，她们富有美育文化素养的表演，已体现出一种崇高的“心境”。我忍不住脱口而出：“这是茶道，艺中有道。”“茶艺”作为一种表演主要不是让人去喝她们泡制的茶的，更多而是给人一种美的享受，欣赏以茶为媒的和谐之美，从“艺美”中去领悟“茶人”人生的多彩和人间的美好！古往今来，真正能享受“茶艺”意境的大多或是隐逸之士，或是闲适之士、或是有身份的涵养之士，这是一种需要澄静的心境去感悟的高雅美学艺术。饮茶能演化成“茶艺”，这是社会美学意义上的一种文明进步。因为，审美能力对个人来说，它关系到感受美好生活的

■ 天福茗茶博物院李素贞等女士的茶艺表演

能力，是种素质、是种品位；对社会而言，审美的能力是培育文化意识的重要基础。如果国民能具有足够的审美能力和对于美的内在的追求，是社会现代文明的一种表现。

前面表述的是中国“茶艺”。2017年9月26日，在湖北恩施举行的“国际茶业大会”上，由俄罗斯人拉马兹主持的国际“茶艺大师杯”比赛，18个国家（地区）选手，从本国、本地区文化习俗出发表演了各自的“茶艺”。茶歇时，我在梁婷玉小姐的翻译下，与拉马兹作了交谈。他告诉我，这次参加比赛的选手来自18个国家（地区）的冠军，通过在恩施举行比赛，目的是促进相互交流，丰富人们饮茶品质和形式。“茶和天下”应是双向的，只有和而不同才能相继。“茶艺”，可以表演型，也可以生活型，这是“茶”和天下的又一种“道”。

（五）茶的传道

饮茶的最高境界层面是“茶道”，即在“品茶”“茶艺”等茶事活动中融入哲理、伦理、道德、志趣等意识形态的内容。崇尚“茶道”精神这一层面的人士，大都是人生价值取向境界比较高的人士。

1. 初闻茶道　1996年秋，我去台州市委任书记后，到下属的天台县考察工作时，晚上县领导娄依兴等同志让我到“国清宾馆”看“茶道”表演，在一个可容纳几十个人的厅室里，上首放了一张面向观众的茶桌，茶桌一侧坐着一位怀抱着琵琶、服饰素雅的年轻女士，我们落座后，琵琶弹奏起来，屏风后姗姗出来穿着表演服饰的三位姑娘，主泡者坐定后，两位助泡者先站于主泡者两侧，然后，三位姑娘矜持优雅地相互配合着进行着“茶道”的表演，动作慢条斯理，又频频致礼，约一刻钟，完成了各道泡茶程序后，姑娘们将泡制好的第一道绿茶汤，慢慢地移步敬送到我等面前。看了她们的表演，我第一感觉是新奇，泡杯茶喝还这么繁琐复杂？第二感觉，这是培养东方女性矜持内敛、贤淑文雅的一种方法；第三感觉，这样的“茶道”实际上是在看“艺术”表演，因为她们在或筝或琵琶或长箫等古典乐器的演奏下，穿的是演员的服饰、演员的装扮、演员的举止神态，现实生活中是很难找到这样矜持的青年女性了。看这样的表演要有耐心和静心才行。据县里领导同志介绍，天台国清寺是佛教天台宗的祖庭，在日本有几百万信众，唐代时日本最澄和尚就在天台国清寺学经修行回国时，从天台带回茶种，从此日本本土有了种茶历史。20 世纪 80 年代，中国改革开放后，天台与日本交往甚多，天台县培养了一支十多位青年姑娘组成的“茶道”表演队，从日本学来“茶道”，又常应邀去日本各地表演。对这种“出口转内销”的“茶道”表演，因为当时我对茶还没产生兴趣，所以也无所谓去追究是“茶道”还是“茶艺”，看过了也就过去了。

■ 光泽茶园

2. 彼“茶道”不是中国“茶道” 这些年，我有兴趣搞懂“茶道”是怎么一回事，查看了不少资料和书，才进一步有所了解。唐代时，日本有僧人到中国学佛教有留学僧制度，如最澄、空海、永忠等僧人就是此类代表人物。他们从中国带回了茶籽同时，也带去了饮茶方法，但只有寺院大内辟有茶园，或上层王公们才有享用。真正在日本社会民众中推广饮茶，是12世纪，南宋时日本僧人荣西和尚（1141—1215）两度入宋分别到台州天台山万年寺、杭州径山寺学去饮茶及茶会，他把饮茶的传播着眼点看重茶的药用保健和养生作用上以后，才逐步能在日本兴盛起来。日本有“茶道”之说是15世纪村田珠光（1423—1502）以后的事了。饮茶之风被日本的“公家”“武家”欣赏为玩趣之后，斗茶之风盛行，并“退茶具、调美肴、劝酒飞杯”。几乎天天是“醉颜如霜叶之红，狂妆似风树之功”，“式歌式舞”“又弦又管”。日本社会有识之士认为这种奢侈豪华茶会“无礼讲”“破礼讲”，是一种败坏风气的行为。室町幕府的八代将军足利义政（1449—1473）时，遂命村田珠光等人纠正此风，创办禅书院茶会。在村田珠光为主持茶会的“上座茶人”后，他把寺院茶礼、民间的“茶寄合”和贵族书院的“台子茶”相结合，并注入禅的精神，排除一切奢华陈设，形成了朴素的草庵茶风，倡导了“谨兮敬兮清兮寂兮”的“茶道”。到了16世纪中叶，日本千利休（1522—1592）将草庵茶进一步庶民化，使之更加普及。将村田珠光的“谨敬清寂”改为“和敬清寂”，从而日本具有规式感的茶道仪式留传至今。但他们这种“茶道”仪式可表演，演习一套繁文缛节、崇尚枯高幽玄、无心无碍。日本的寺庙大都也是枯水枯树的枯槁之幽。当然这也是日本对人教化规式修炼的一种方式，但与中国人称的“茶道”是有根本区别的。古人对道的理解是：“道始于情”，“道不外乎博约，动而观其会通，发乎情止乎义，智欲圆行欲方”。“道”是形而上的终极表述。中国历史上文人雅士对“茶道”“茶德”表达的是茶与人关系中心境的体悟，往往表达士大夫、文人雅士们的一种志趣，不是用来表演的。

■ 日本茶室一隅

中国是茶的发源发祥之地，中国人比较务实，茶叶从发现和利用，经历了生活所需的饮茶、食茶（保健），或品茶、茶艺、茶道（茶德）层面。当今被人称作“茶道”的这个意识形态的概念实际上随着社会的发展，是一个从饮茶行为中，逐步感悟为饮茶心态（心境）和审美价值观而演变发展的。尽管陆羽的忘年交湖州诗僧皎然写的《饮茶歌》中有“孰知茶道全尔真，唯有丹丘得如此”。陆羽之后，唐代的封演《封氏闻见记》“饮茶”卷中在记叙了陆羽和常伯熊提倡饮茶之后“于是茶道大行，王公朝士无不饮者”。实际上此“茶道”不是哲学意义上的茶道，仅仅是说饮品茶的技巧、技艺和方法程序等习俗风尚的“饮茶之道”大流行而已。如学者孙机在《中国茶文化与日本茶道》一文中说“这些‘茶道’的含义相当于茶事和茶艺”。中国唐宋时代的寺庙中，有茶禅修行和“茶会”之风大都是宗教的教义需要和出家之人用来招待客人的一种方式，不是用来表演的。因为，道家与佛家在中国产生的历史虽有先后之分，但他们修身养性，一般都会寻找或云雾缭绕的名山，或远离喧闹的深山老林清静之处。佛、道教义要求修炼之人既要经得起寂寞，又要节食少眠过苦僧生活，而茶叶成为既可解决他们的生理需求、解渴提神、补充身体养分，又可遵守佛、道修行教义的最佳选择。中国无论庙寺，还是道观既重宗教规矩、又讲究生动活泼，讲“茶道”，也是多样性有变化的。如始建于东晋咸和三年（328）的杭州灵隐寺，寺庙内建筑恢宏、古树参天、

■ 僧人沏茶

■ 灵隐寺云林茶会现场

绿叶成荫、鸟语花香、流水潺潺、香客攘攘。灵隐寺素有以茶禅定、以茶供佛敬客的好传统。释光泉大和尚主持灵隐寺后，在众多佛法中倡导“慈悲、包容、感恩”为本寺主题价值。2007年以来，又倡办了春秋“云林茶会”，邀请杭州各寺庙法师、社会居士和各界名流参加。台上恭敬佛祖，台下来宾济济一堂。茶会从茶道香道恭敬佛祖开始，有佛学开示演讲，有民乐大师演奏供养，有各种香茗品啜。“云林茶会”开示众生、造化自己、清静无为，充分体现了人间佛教的生活化、社会化。

古代出家之人，饮茶需自己种茶，大都他们会在道教的洞府与佛家的寺庙前后的荒山野坡上种茶。名山名寺出名茶，他们的名茶也传入王公贵族家成为上品，流入社会民间成为茶的优良品种，从而推动了名茶的发展。当时儒家的雅士和士大夫也都是爱茶之人，儒家学说的“以仁为本”“礼治天下”“中和济世”等，都可在茶中托物寄情、找到“知音”。如唐末刘贞亮在《饮茶十德》中提出的“以茶散郁气；以茶驱睡气；以茶养生气；以茶除病气；以茶利礼仁；以茶表敬意；以茶尝滋味；以茶养身体；以茶可行道；以茶可雅志。”足以说明其中的“以茶利礼仁”“表敬意”“可行道”“可雅志”都属于儒家人士的修持范畴。所以，古代儒、释、道人士之间交友交流的颇多，从而也使儒、释、道教义也相互交流交融，许多方面客观上形成了儒、释、道三教合一的文化现象。

■ 南宋刘松年所作的《撵茶图》，描绘了磨茶、点茶、挥翰、赏画的文人雅士茶会场景

3. 中国“茶道”之寓意及再兴起 儒、释、道的雅士们在用茶、喝茶、品茶的过程中，分别按自己的“心境”感悟茶的内质和茶与人关系的寓意。

茶之质“清” 茶自然质地清净，而明清以前主要只有绿茶，茶的汤色“清”也正是文人雅士和士大夫们所崇尚的，从而唐代韦应物称茶为“洁性不可污，为饮涤凡尘”，宋代苏东坡“清白之士”等感悟信手而来。

茶之味“苦” 李时珍在《本草纲目》一书中写道：“茶苦而寒阴中之阴，最能降火，火为百病，火清则上清矣”。但茶苦不留口，只要好好去品味，回味无穷。古人说“人生苦短”，生苦、活苦、乐苦、病苦、死苦等，佛教认为人生一切由“苦”引起，所以佛教在“苦、集、灭、道”四谛中、把“苦”放在首位，只有把参破苦谛作为修炼之要，其他三谛才会实现。历史上儒、道和文人雅士也往往在品味茶时，把茶味由苦转甘的过程作为人生经历的常态，人生虽苦短，只要修炼自己，就可活出滋味，活出精彩有意义，“吃得苦中苦、方为人上人”，从而悟出，品茶品味品人生的哲理。

茶之礼“敬” 唐末刘贞亮的“以茶利礼仁”“表敬意”的“敬”也随之而来。敬不是茶的本质，但人们可用茶执礼表敬。在国学大师那里“敬即便是礼，无己可克”，所以，把敬仅仅与礼等同起来是远远不够的，“敬”更是人生“自性的庄严”。人能自觉地敬畏天、敬畏地、敬畏大自然、敬畏人文、敬畏别人等，本身反映了人能懂得“天地万物一体”的理性尊严。它的行为表现仪式是庄严肃穆隆重的，它的神态是澄静诚意的。

■ 2013 年 5 月云南少数民族隆重肃穆的祭茶祖仪式

茶之韵“静” 中国春秋战国时期的哲人老子和庄子都倡导“虚静观”，以追求明心见性、洞察自然、反观自我、修身养性。老子说:“致虚极、守静笃，万物并作,吾以观复。夫物芸芸，各归其根。归根曰静，静曰复命。”庄子说:“水静则明烛须眉，平中准，大匠取法焉。水静犹明，而况精神！圣人之心静乎，天地之鉴也，万物之镜也。”演仁居士说：“放下亦放下，何处来牵挂？做个无事人，笑谈星月大。”赵州从谂（778—897）和尚的“吃茶去”的禅寓就在其中了；“静”是沉寂，无声无息的清寂，平平和和的宁静，中国茶道中将“茶须静品”，才能修习出“自我”的境界，实才是茶的魅力和韵味。难怪宋徽宗说茶“清和淡洁、韵高致静”。

茶之德“俭” “茶性俭”饮喝茶本不复杂,一杯清茶或解渴生津、或“表敬意”。如果饮品茶有后世一些人演化的复杂奢华，魏晋玄学家和士大夫们（如陆纳）不会倡导“以茶代酒”，抗奢靡之风，扬俭廉之气了。陆羽也不会倡导“茶之为饮，最宜精行俭德之人”的饮茶修身、体验茶的内敛淡泊特性的人生感悟了。所以，对绝大多数饮茶者还是应提倡“茶性俭”而不是去奢侈的“玩赏”，玩物丧志是历史的沉痛教训，没有一个民族是在奢华享乐中振兴的。

■ 雪天茶园

茶之魅“怡” 汉代许慎在他的《说文解字》中说：“怡者和也，悦也、桨也。”意思是和悦、愉快、调和、怡悦的精神状态与情感情怀。有学者说：

可见“怡”字的含意很广。茶能雅俗共赏，老少皆宜是茶在日常生活之中，它可拘一格，突出“自恣以适己”的随意性。老百姓累了喝茶是种歇力、平心气和，使人快乐。文人雅士可品饮出“心境”“哲理”等。现代科学研究表明，人在喝茶时会莫名其妙的开心，杭州师范大学生物学教授曹明富说：“主要是茶叶中特有的氨基酸会促进人体中的多巴胺的大量分泌，而多巴胺是主导人体情感愉悦感等的物质”。

茶之魂“和” 中国著名茶学专家陈香白教授曾说：“在所有汉文字中，再也找不到一个比‘和’字更能突出中国茶道的内核，涵盖中国茶文化精神的字眼了”。“内核”“精神”就是“魂”。“和”是中庸、包容，和而不同，各种茶、各种味、各种泡制方法，可以适应各种品味和需求的人，实际上反映了茶的“中和”性，茶的“百搭”性，就是茶的包容融合精神，是值得人称道的。茶能适应中国社会各种文化事象活动（茶和社会），茶还能流行天下造福人类（茶和天下）。

■ 陈香白先生沏茶

茶之品“美” 品茶之美，美在清雅多姿、赏心悦目；美在品茶品味品人生。使人们可“美其所美，美人之美，美美与共，天下大同”（费孝通《“美美与共”和人类文明》）。

茶之功“养” 人们喝茶的第一要义是有利于养生健康。养生，养是调养、保养；生是生命、生存、生活。唐代卢仝的《七碗茶歌》都把茶对人的身心的保健功能描述得淋漓尽致了。

茶之真在于自在 饮品茶不要太刻意、太讲究、太复杂，一切顺其自然，适合自己，自在才能饮品出真茶、真味、真心境，等等。以上茶的内质和人们饮茶中产生的种种感悟，构成了人们哲学意义上的“茶道”（也有称“茶德”）。

我们现在有人把“茶艺”表演称为“茶道”表演是否受日本、韩国影响，我没考证过。在中国，“道”是可以体现、不能表演的，“茶艺”表演中能体现出“道”，但“茶艺”不等于“茶道”。

但无论是中国大陆还是台湾，在20世纪80年代，茶文化热潮空前兴起，中国对茶道精神的概括性表述也陆续出现了，如20世纪80年代台湾学

■ 灵隐寺茶会和第九届世界禅茶文化交流大会

者林琴南教授茶道精神概括为“美、健、性、伦”；台湾茶艺协会会长、茶学家吴振铎提出“清、敬、怡、真”等；中国大陆最早是浙江农业大学著名教授庄晚芳对茶道精神表述为“廉、美、和、敬”。此后，众多学者对茶道、茶德精神都有过概括表述。中国国际茶文化研究会会长周国富把“清、敬、和、美”作为当代中国茶文化的核心理念。尽管表述各不相同，都是“月印千江水、千江月不同”，实质上都是茶的自然属性与喝（品）者的价值观、审美观相结合的精神产物。我认为，对于“茶道”精神的概括也不宜固化，一种思想（或观点）如一旦成为固化甚至模式化的意识形态，不言而喻地成为真理，谁还敢创新？中国古人就说“道可道，非常道”，意思是“道可用言辞形容的道，不是长久不变的道”。

■ 庄晚芳先生

4. 茶的演化有层次性，茶的消费也有层次性　综上所述茶被人类饮用后的五个文化层面的演化，实质上表现的就是茶“内化”成文化性和茶“德化”成修身的功能。当然，这五个饮茶文化层面的演化，既有联系又有区别的。说它们的联系，它们符合马斯洛的“五层需求”理论，人的需求是一个不断进化、提升的关系。也符合中国人常说的“物质可变精神”的论点。有学者认为：物质事关人的基本生存，但对人来说物质不是纯粹的物质，人之所以为人，能把自然界的物质变成人的物质。人会从物质中寻求出兴趣、乐

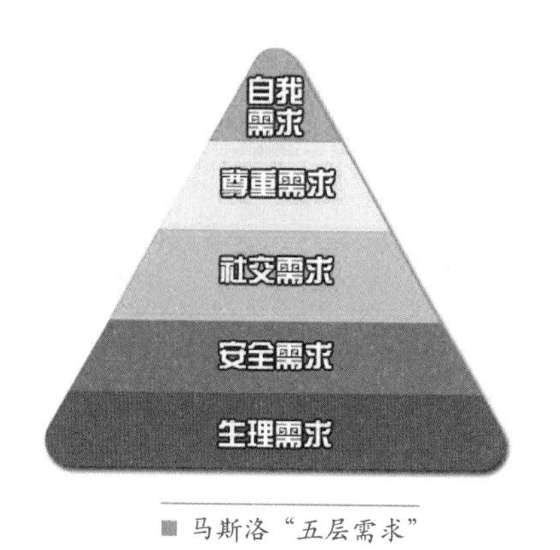

■ 马斯洛“五层需求”

趣、情趣，即精神化的东西，从而物质也就成为人的精神（文化）生活获得的本质（源头）与形式（载体）。当然物质转化为精神是有条件的，在物质贫乏时，人们为基本的物质生活而沉重得直不起腰；当物质丰盛的社会，物质会“轻”起来。当今社会，对越来越多的人来说，富裕起来的人不再是物质的“奴隶”，而会在物质中为自己构建一个有趣味的、能审美的、有意义的世界。

说它们有区别的，因为这五个层面的“消费”是要具有各种条件的，享受这五个层面“消费”的人也是有时代背景和层次性的。对大多数饮茶者来说，他们中大多是讲求实际、生活节俭朴素的精行俭德之人，他们舍

■ 生活中的茶

不得无谓的浪费，也不愿意去虚无地消磨，他们不仅没有玩“茶艺”“茶道”的雅，也没有经济与时间条件，把茶玩得太复杂、太奢华而去违背“茶性俭”的本质。

5. 茶饮和茶产业因势而兴 饮茶和茶产业的进化，也是随着经济社会发展和社会文明进展程度而进化的。不少学者专家著文说：随着经济、政治、社会、文化、生态的变革时势，茶和茶文化的消费也进入了一个新的时代。这一轮茶和茶文化热，掀起于20世纪80年代，是一个新时代的到来，时势造就了茶界一批有识之士们，率先而呼之。20世纪80年代一批长期搞茶学的著名自然科学家们热心于茶与茶文化的复兴，他们大声疾呼，致力著文推行茶文化。如吴觉农的《茶经述评》，概括茶道为：“茶道是把茶视为珍贵高尚的饮料。因为品茶是一种精神上的享受，是一种艺术，或是一种修身养性的手段。”著名教授庄晚芳1984年就发表了《中国茶文化的传播》论文，1990年在《茶文化浅议》一文中提出：“发扬茶德、妥用茶艺，为茶人修养之道。”从1994年9月开始，浙江籍著名女作家王旭烽着手写作后称《茶人三部曲》的三卷有关茶的长篇小说，小说获得第五届茅盾文学奖，它的发行也扩大了茶和茶文化的影响等。

■《茶人三部曲》

这种具有中华民族特色、向上健康的茶文化，也引起了中国党政机关的关注。一批党政机关的有识之士纷纷赞赏和推动茶文化。如20世纪90年代初浙江省政协主席王家扬，陕西省委原书记、省政协主席安启元等全国相关省市中的一批政治家们，提出了“天下茶人是一家”；联络国际茶界友人创办了“国际茶文化研讨会”，至今已举办了十多届。并在此基础上，1993年11月成立了经农业部、文化部批准，在民政部注册的“中国国际茶文化研究会”，并由农业部主管。

全国相关省市也相继成立了茶文化的社团组织，仅浙江省，省市县已成立近70家。各地党委、政府为他们安排了一定的工作经费，并创造了必要的工作条件，从而，他们能为各地的茶文化与茶产业发展起到积极的促进作用。茶文化也在此背景下进了学校教材，有的高校开设了茶文化学科，甚至创办茶文化学院。

■ 2010年浙江农林大学首届茶文化本科毕业生

河南省信阳市委、市政府近二十年来，一直坚持举办茶文化与茶产业博览会，推动了信阳茶产业的大发展。云南省、福建省、贵州省等省委、省政府近一些年以茶文化引领，大力发展茶产业，成为精准脱贫致富的产业抓手，取得了显著成果，等等。这一切都意味着中国茶和茶文化复兴的新阶段必将到来。2016年9月13日，农业部在韩长赋部长主持下召开农业部常务会议，专题研究《关于抓住机遇做强我国茶产业的报告》，并决定每年举办春秋季两次中国国际茶业博览会，把此作为“传承中华文化的有效途径和重要载体”。这恐怕在农业部的历史上也是罕见的。

综上所述，数千年来，茶与人在交融中相互作用，使人们逐步地认识了茶的功效和价值，茶为人类提供了丰富多彩的生活内容的同时，也形成了自己独特的文化，由此构成了“天地万物一体”。王阳明说，能把天地万物视为一体的人，才是能治国安邦和品德正派的“大人”。我们说茶是有生命的，就是因为在“天地万物一体”中，茶有人的身世，茶有人的经历，茶有人的品格和性情，有了人一样许许多多丰富多彩的故事、故事就是文化。有“生命”、有文化的事物必然具有无限的生命力。习近平总书记曾说过：文化是一条从过去流到现在，又流向未来的河。他在庆祝中国共产党95周年大会上强调：“文化自信是更基础、更广泛、更深厚的自信。在五千多年文明发展中孕育的中华优秀传统文化、积淀着中华民族最深厚的精神追求，代表着中华民族独特的精神标识。”因为“文化是民族的血脉，是人民的精神家园”，是中国人心中那股特有的精气神。“文化兴国运兴，文化强民族强。”文化不是抽象的、是具体的，不是呆板的、是生动的，不是说教式的、而可以是故事式。中华茶文化是中华优秀传统文化中不可缺少的组成部分，弘扬茶文化，实际上就是在坚持中华文化的自信。

■ 法国画家詹姆斯·迪索 James Tissot(1836—1902) 所画的喝茶场景

五、倡导茶和茶文化发展的当今意义

“时代是思想之母，实践是理论之源”。文化要发挥其潜移默化的启迪和引领作用，必须顺应时势的发展变化、坚持“创新、协调、绿色、开放、共享”的发展理念不断丰富发展，这样文化才会更具时代性和实践性。党的十九大提出：“我国社会主要矛盾已经转化为人民日益增长的美好生活需要与不平衡不充分发展之间的矛盾。”不但社会的生产方式在发生根本性的变革，经济基础决定着上层建筑也在发生根本性的变革，并直接影响着社会的经济生活、政治生活、文化生活和日常生活方式。当社会已经进入一个新时代时，如果一种文化还是沉醉于或死盯着所谓“历史上”怎么怎么的，文人达贵们怎么怎么地津津乐道，显然会落伍。茶文化也一样，必须顺应时势的变化和发展，抓住新机遇，面向世界、面向社会、面向大众、面向产业，促进人们的茶生活与茶经济之间平衡充分的发展。

（一）倡导“茶为国饮”，满足“以茶惠民”的美好生活

“茶为国饮”是中国国际茶文化研究会第二任会长刘枫先生对茶的历史概括，也是倡导“以茶惠民”的根本要求。他在 2004 年 3 月向全国政协十届二次会议提出“茶为国饮”的政协提案后，在全国引起强烈的反响。经过二十多年来，全国范围内茶文化的宣传和传播，茶的知识有更大范围的普及，“茶为国饮”和“以茶惠民”正在形成新的发展趋势。中国高层领导越来越

■ 晨曦中的茶园

重视茶文化的复兴和茶产业的振兴，近几年，习近平总书记在内政外交的活动中频频运用中国茶和茶文化讲好中国的故事。随着全面建设小康社会和休闲时代的到来，健康中国建设和“一带一路”的实施，茶产业不仅是提高中国人美好生活需要的惠民产业，也是我国一些地区精准扶贫致富的优质产业。但毋庸讳言，新时代新情况下我们的“茶为国饮”也面临着严峻的挑战，“以茶惠民”的价值也没有被更广泛地体现，茶产业、茶生活发展不平衡不充分与人民日益增长美好生活需要之间的矛盾还很突出。当今中国，各种名目众多的瓶装饮料已经超过茶饮料；据相关资料表明，中国人只有1/4左右人口在喝茶，年龄主要集中在35岁以上，茶叶如何适应年轻人的消费，成为茶界普遍关注的一个话题；而我们的茶叶消费大部分还是停留在茶的泡饮上，在社会节奏加快的情况下，不仅是年轻人，就是工作繁忙的中年人群（坐办公室的以外）都会感到喝冲泡茶没有饮用白开水和瓶装饮料及凉茶方便；茶叶的深度开发又远远落后于日本等国，吃茶、用茶虽然受到中国人的欢迎，但又被茶叶安全问题所困惑。2016 年 11 月，我们在接待日本著名学者、茶学研究者熊仓功夫时，他问我，为什么中国游客到日本就会大量购买日本抹茶？我回答他，中国有人喜欢吃抹茶而又担忧抹茶的安全性吧！

而近年来，我国茶叶生产发展很快，据悉，种植面积已达 4 000 万亩 * 之多，2016 年茶产量已超过 240 多万吨。如果国内年人均茶叶消费仍然只有 1 000 克左右，13.8 亿人口共只有消费 140 万吨左右，出口 33 万吨左右，深加工 10 万吨左右，每年尚有 50 万～60 万吨茶叶剩余，需“去库存”。现在世界上茶叶人均消费量最多的前十几个国家分别是：爱尔兰、土耳其、利比亚、科威特、英国、卡塔尔、伊拉克、摩洛哥、日本、斯里兰卡、突尼斯等。前几年，英国年人均消费 2.46 千克，爱尔兰年人均消费 3.17 千克，据说日本平均每 10 个人中有 8 个人饮茶，中国香港年人均消费 1.5 千克左右，而我国人均年消费茶叶刚达到 1 千克，在世界排第 19 位。要振兴茶产业，茶文化必须承担起引领国民倡导“茶为国饮”“以茶惠民”的责任，民众是社会消费主体和基础,是茶消费的主力军。如果中国年人均茶叶消费能达到 1.5 千克，国内就可消费掉 210 万吨，出口保持 30 多万吨，深加工到 10%，20 多万吨，我们需茶叶 260 多万吨，现在 240 多万吨的年产量不仅不够，何愁茶叶过剩的困惑和忧虑。现在在开展的茶文化进机关、进学校、进企业、进社区、进家庭的“五进”活动，是倡导“茶为国饮”，推动茶消费，带动茶产业发展的有效途径。我们只要坚持不懈的努力，必然会产生积极的影响。

* 亩为非法定计量单位，1 亩 =1/15 公顷。——编者注

■ 东南亚人喝茶

■ 巴基斯坦拉合尔的骆驼贩子在喝茶等待买主

茶文化在传播、引领“茶为国饮”“以茶惠民”中，也要致良知，扬善祛恶，防止“圈子文化”和“忽悠文化”。所谓“圈子文化”一些人热衷于“高、雅、贵”，忽视了面向社会和大众生活化的推陈出新，由于不接地气，不仅市面做不大，甚至反而使普通老百姓喝不起好茶；所谓“忽悠文化”，文过饰非、夸大其事，甚至向社会和大众提供不科学、不诚信的知识信息，误导社会及民众，会引起社会消费者的反感。所以，茶文化的传播首先也要面向社会、面向大众的生活化，让广大老百姓喝得起质优价格适当的好茶，要消费得起现在一些人所崇尚的林林总总的冲泡和饮茶方式。鲁迅当年在说会喝茶、喝好茶是种“清福”的同时，也提醒，一要功夫，二要有练出来的特别的感觉。否则，靠“筋道”生活的码头工人觉得喝水与喝茶没有区别，贾府焦大不会去爱“林妹妹”，黄泛区的灾民不会去爱兰花一样。茶消费是有层次性的，茶业也应面对不同消费者具有层次性，茶文化的宣传（传播）也应有层次性。比如对广大社会成员要侧重实用性，在茶的基本知识和科学饮茶有利于健康等方面上多传授些；对文化有兴趣的人士可多传授些雅的精神化的知识，以陶冶和提高他们的文化修养需求。茶文化进学校也不宜太复杂，我认为通过茶文化进学校的普及，使广大学生一能了解茶的基本知识，从而认识茶、喜欢茶，培养科学喝茶的习惯；二能使学生提高修养，“品茶须澄静”，“夫学须静也”。静心是学生勤奋学习的基础，宁静才能致远。总之，茶可雅俗共赏，茶文化宣传则需要雅俗有别，这样才有生命力。

■ 2016 年 11 月茶文化走进崇文实验学校

（二）倡导茶和茶文化成为休闲时代的一种可普及的生活方式

这一轮茶和茶文化热在中国兴起，与中国全面建设小康社会进入了休闲时代有密切关系。按国际休闲理论，休闲时代要具备两个基本条件：一是经济条件，人均 GDP 达到 3 000 ～ 5 000 美元以上；二是时间条件，一年有近 1/3 左右可休假时间，休假时间并可分年休、国定节日、周休有层次性。对此，中国都已基本实现了。中国是 2008 年迈入人均 GDP 3 000 美元以上的（2016 年年人均 GDP 8 200 美元）；我国年休假总时间已经有 120 天左右，达到和超过 1/3 休假时间。

据国际惯例和相关资料表明，在进入休闲时代后，由于社会物质的丰富，使物质“轻”了起来，人们对休闲、文化、养生等精神产品越来越看重，首先在城市生活中会形成以下几个基本特点：

一是休闲生活常态化。人们自身（家庭）的休闲娱乐活动已经成为与工作、睡眠和从事家务等必要的生活状态，称之为第四种生活状态。人的休闲方式从观光旅游逐步转向休闲观光、休闲度假式和文化、精神修养式生活方式。

■ 广东梅州雁南飞茶田度假村

二是休闲消费脱物化。人们生活品质高了，对传统的以物质产品为主导的消费需求比例下降，而对以精神产品文化性为主导的非物质产品的消费需求比例会很快攀升。

■ 露天茶肆

三是城市功能休闲化。重视以休闲服务产业的蓬勃发展，人们更追求人与自然的和谐意境。

四是生活泛娱乐化。全社会对休闲娱乐高度认同；休闲娱乐渗透到诸如购物、餐饮、读书、习字以及其他各种日常活动中，把购物和餐饮活动当成为休闲娱乐的一种体验方式。而工作娱乐相互融合，工作越来越像娱乐休闲，而娱乐休闲则越来越像工作。随着现代交通条件的便捷，城市群内部同城化现象日益凸现，人们对短途旅游和休闲娱乐的界线愈加模糊。休闲的层次不但高而且多样性，让身心在一种“无所事事”的境界中积极地休息，人们钟情于或踯躅于大自然，沐浴空气阳光或运动，或阅读，或聊天，或品饮（茶、咖啡、酒及美食），或修身养性，城乡游也越来越成为人们休闲的一种好形式。

五是休闲方式体验化。人们在休闲活动中越来越重视亲身体验和自己动手，更偏好于自助式或半自助式。

六是休闲目的地和休闲方式重复。将旅游休闲与休闲观光式消费结合起来，一个休闲度假地不但可住上几天，而且一生中可能会去多次，并重复地去休闲度假，一种休闲产品会重复享用，经久不厌，回头率高。

20世纪末，国际著名未来学家格雷厄姆·莫利托在著名的《经济学家》杂志发表文章，他预测到2015年左右，人类将进入大休闲时代。他认为，新千年经济发展推动力中的第一引擎是休闲度假产业的发展。会给全球带来更多关于社会财富的想象。而这一预测也正在逐步成为现实。以美国为例，2014年将1/3的时间、2/3的收入、1/3的土地面积用于休闲度假。早在21世纪初，美国休闲度假产业的直接就业人员就占全部就业人员的1/4，间接就业人员甚至占到了1/2，休闲度假业已成为美国第一位的经济活动产业，由其领衔并推动相关产业创造了巨大的财富，更为投资者带来极大的收益。

休闲时代随之而来的是社会经济结构将会发生“蝶变”，消费增长成为经济发展的第一推动力。以中国为例，2010年6月中国社科院和国家旅游局发布《2009—2010年中国休闲发展报告》及《休闲绿皮书》指出：“我们将紧跟发达国家进入休闲时代”。2016年1月5日，我在“早报”头条新闻中，看到新华社发的这样一则消息：“据国家旅游局发布的消息：2015年，中国国内旅游观光突破40亿人次，旅游收入迈过4万亿人民币，出境旅游1.2亿人次。中国国内旅游、出境旅游人次和国内外旅游消费均列世界第一。世界旅游业理事会（WTTC）测算：中国旅游业对GDP综合贡献率10.1%，超过教育、银行、汽车产业。国家旅游数据中心测算，中国旅游就业人数占全部就业人数10.2%。”。2016年3月9日全国“两会”期间，国家税务局局长王军在接受记者采访时，用一组全国税收大数据展示中国经济社会发展的新动向和新机遇。他说，经济增长引擎转换，服务业和消费“唱主角”，2015 年，全国第三产业税收完成 74 531 亿元，同比增长 7.6%。第三产业与全部税收的比重达 54.8%，比第二产业高 9.7 个百分点。“税收大数据显示出我国第三产业发展持续向好，也印证了消费结构的积极变化，标志着我国已进入消费需求持续增长、消费结构加快升级、消费拉动经济作用明显增强的新阶段。”

■ 第九届中国普陀佛茶文化节

中国社会科学院相关课题组将休闲时代生活方式活动划分为消遣旅游类休闲、文化娱乐类休闲、体育健身类休闲、怡情养性类休闲、社会交往类休闲和其他休闲 6 大类。可见休闲的内涵非常广泛丰富，旅游观光仅仅是休闲时代的一种休闲形式，把茶与茶文化仅仅限于旅游观光结合是远远不够的。无论历史的还是现实的事实表明，茶的功效和茶文化都可与这 6 大类休闲活动相啮合，都可成为广大民众的一种休闲方式和快乐的媒介。所不同的是，历史上人们虽然也有享受休闲方式的传统，但还不是全社会成员参与的，随着全面建设小康社会和休闲时代的到来，社会的中产阶层和富裕人群大大增加，整个社会的民众的生活水平普遍提高，人民群众向往美好生活的需求越来越强烈。休闲生活是全社会追求美好生活方式的一种生活状态。当今社会有这么多人爱茶、爱阅读、爱书法、爱旅游、爱诗歌、爱音乐（包括广场舞）、爱体育、爱养生等，这些活动的时代背景就是休闲时代的到来、人民群众向往美好生活的具体表现。以杭州市为例：2001年杭州人均 GDP 进入 3 000 美元（浙江是 2005 年迈入的，杭州市 2016 年

■ 杭州茶馆

■ 浙江绍兴御茶村茶园

人均 GDP18 100 美元），意味着杭州更广泛层次上的休闲消费时代的到来，人们更讲究生活品位，从而喜欢品饮茶和茶文化的人也会越来越多。目前，杭州就拥有都市茶艺馆、景区茶座、社区茶坊、乡村茶舍及主题特色茶园五大类几千家，它们将观光与休闲、物质享受与文化享用、养生与修身、友聚和个人悠闲融合为一体，充分体现着文化的多元性（中外、古今、都市与乡村、茶文化与区域文化），功能多样性、服务层次性、茶艺展示丰富性、养生强体的保健性、品牌的差异性、经营方式的灵活性、空间布局的广泛性等特点，全方位地满足休闲时代包括各地游客在内的各类消费群体的需求，也成为人们重蹈不厌、经久不衰的休闲消费项目和生活方式，尤其到节假日像杭州龙井、梅家坞、龙坞等主题特色茶区，来休闲者车水马龙、熙熙攘攘。

■ 家庭茶室

当前品饮茶和茶文化在家庭里也时尚起来了，不少有条件的家庭在住房内设置了家庭小茶室。

■ 明代文徵明《品茶图》（局部）

休闲时代要使茶和茶文化成为人们休闲的一种生活方式，关键是对茶的功效和价值的开发要全价利用，茶叶也完全应在延伸、提升、深化上下功夫，使之成为多元消费品。茶文化同时可与类似琴棋、书画、诗歌、文学、健体、养生等文化事象融合，走向寻常百姓家，以“礼、清、和、雅、美”的形态丰富人们的休闲养性与文化陶冶。

（三）倡导茶和茶文化是“健康中国”建设的一种养生方法

2016年8月19日，中央召开了“全国卫生与健康大会”，同年10月25日，中共中央、国务院印发了《健康中国2030规划纲要》。习近平同志反复强调：“健康是促进人的全面发展的必然要求，是经济社会发展的基础条件，是民族昌盛和国家富强的重要标志，也是广大人民群众的共同追求。”

什么是健康的生活方式和行为呢？按照国际惯例，合理膳食、适当运动、禁烟限酒、平衡心理。上述健康的生活方式和行为能否养成和坚持，引出世界卫生组织总结全球四大影响人类死亡的因素，它们分别是高血压、吸烟、高血糖和缺乏运动锻炼。古今中外饮茶的实践告诉我们，茶是养成健康生活方式的最好食物，如餐前饭后科学饮茶有利于合理膳食；科学饮茶是“禁烟限酒”的最佳代替品；静下心来或与家人、或与同事朋友“吃茶去”，是放松心情、愉悦自己、平衡心理的最好方式；常常去茶园、茶村、茶山休闲地走走看看，不仅心情好，而且也是种运动锻炼。常年科学饮茶的人，不仅血糖、血脂可得到预防变高，而且会使人感到年轻。不少长寿老人在饮食上提倡“六少六多”，即少烟多茶、少酒多茶、少食多嚼、少盐多醋、少肉多素（菜）、少糖多果。可见，茶在健康养生中都可以发挥其独特的作用。茶的健康属性，是广大人民群众饮茶的第一要义。最近我听到浙江大学王岳飞教授和屠幼英教授等，在网上开设了《茶文化与茶健康》的公共视频课程，点

■ “温和的中国茶可以把野兽变成人”这是1894年5月19日《伦敦新闻画报》刊载的一则英国茶公司制作的广告

击阅读量已超过2 000多万人次，可见茶健康是多么受社会民众欢迎。实际上无论是历史的还是现实的，中国的还是世界的事实表明，茶被人类发现与重视就在于茶能使人身心健康。中国传统文化中强调“养生”，儒、释、道及中医都认为，“养”即保养、调养之意，“生”即生命、生存之意，养生的目的是让我们拥有健康的身体和健康的心灵，这样，我们的生活才有品质。南宋时，日本高僧荣西（1141—1215），两次来中国学习佛教文化同时，学习掌握了茶的保健功能，回国后写成了《吃茶养生记》一书，书中说：“茶乃养生之仙药也，延龄之妙术也。山谷生之，其地神灵也。人伦采之，其人长命也。”茶能使人“延龄”“长命”之仙药谁不喜欢呀？所以，不仅在众佛教寺院流行，受日本上层社会青睐，最终也能在日本民间广泛流行，日本人均消费茶叶2.5～3千克是不足为怪的。现在日本抹茶、茶饮料、茶食品、茶保健品生产也很红火，是茶的深加工最好国家之一。日本静冈县是浙江省友好县省，静冈县产茶占日本的42%，静冈县40%左右的茶原料用于茶叶深加工产品开发，茶资源综合利用率很高。世界上把中国绿茶作为世界6大保健品之首以后，中国绿茶出口已占81%以上。所以，随着健康中国建设时代的到来，人们越来越注重人的身心健康和愉悦、越来越注重生活品质。只有把科学饮茶成为国民的生活习惯，让体内维持在足够的茶多酚含量，让人不知不觉地延缓衰老、变得年轻。

科学喝茶有利于健康。到底怎么喝茶叫科学健康呢？这是个专业性很强的技术问题，从科学的角度要求，这个专业性很强的技术问题实际上是个综合性很强的话题，不是一家之言就可定论的，而要植物学、茶学、生物学、药理学、保健学乃至社会爱茶人士等共同参与这个话题，才能真正表述清科学饮茶有利于健康。据专家们介绍，喝茶应该因人而异，因茶而喝，因时而喝，因习俗而喝，能适宜于自己。因为按中国中医说法，人有九种体质，即平和体质、气郁体质、阴虚体质、痰湿体质、阳虚体质、湿热体质、气虚体质、特禀体质、血瘀体质，不同体质喝不同茶；而茶有六大类（绿、白、黄、青、红、黑）几千个品种，不同的茶不仅口味各不相同、茶性也各不相同，都有各自功效。对此，我反复观察后粗浅认为，科学喝茶一能适合自己；二能持之以恒，不滥又无不及；三能以科学数据说话。

如经专家们论证，绿茶是未经发酵的茶，味寒，抗衰老、杀菌、消炎等均有良好效果，常饮绿茶能明目降火、防癌、降血脂和减肥。吸烟者可减轻尼古丁伤害，高血糖患者、食用油腻食物过多者、小便不畅的人都建议饮用，但胃寒者不适合饮用绿茶；白茶经轻微发酵，由于叶外观呈白色故名为白茶。主要功效有：降火明目、保肝护肝、促进血糖平衡、防暑排毒，尤其福建老白茶，还能在一定程度上防治感冒，利咽喉消炎的药理作用；黄茶是

■ 六大茶类茶汤

轻发酵（闷黄）茶，茶叶汤黄，主要是揉捻后干燥不足的闷黄，对脾胃有好处，助消化、有益于脂肪代谢；青茶（乌龙茶）是半发酵的茶，味不燥不寒，能降血脂、抗衰老、减肥、提神等，但不宜空腹和睡前喝；红茶是全发酵的茶，味温，有助消化、暖胃、提神消除疲劳的作用，还有抗衰老和一定的抗癌作用。但是经期、孕期、更年期的女性还有神经衰弱、结石患者容易上火体质的人不宜喝红茶；黑茶是重发酵或后发酵的茶，味温润，能降血脂，防止糖尿病，消脂及抗衰老，延年益寿。

一说到黑茶，人们就会想到普洱茶，社会有人误认为普洱只生产黑茶。实际上，现有专家把普洱地区生产的茶作为新分类的茶类，普洱茶不仅有散茶与饼茶、可分生普和熟普。生普类似于绿茶，茶多酚含量较高，有一定的防癌、美白、疏通血管、减肥的效果。但生普味苦涩，贫血者不宜饮用，失眠者、胃痛及孕妇要慎用。熟普近似于红茶，偏温性，可养胃、降血糖、降血脂，茶多酚含量不高，但茶红素是六大类茶中较高的，有很好的养颜功效。2017 年 4 月 17 日，我在普洱市参加第十五届中国普洱茶节时，采摘了一片大叶茶，并在茶博会上看到许多散茶品种，有绿茶、红茶、白茶（如月光白茶，我还买了些）等。

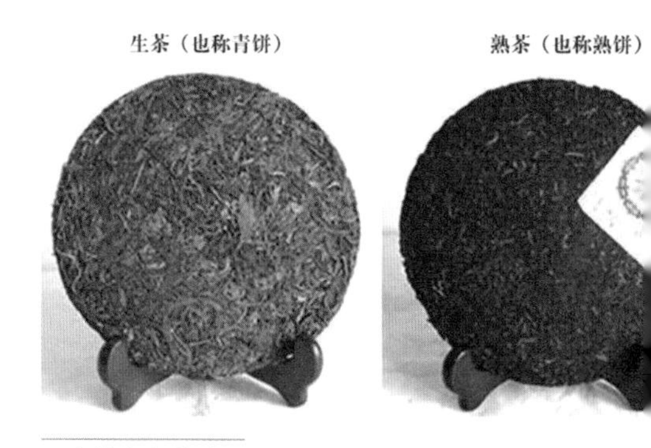

生普和熟普对比

作者采摘的大叶茶

花茶的功效则是因花而异，如常见的茉莉花茶具有促进大脑功能，保护神经细胞，还有镇静止痛作用，茉莉花中的茉莉酮对前列腺炎方面也有防治作用。玫瑰花茶最明显的功效就是理气解郁、活血散淤和调经止痛。百合花茶有着润肺止咳，宁心安神的作用。菊花茶有清火明目的功效等。总之，各式花茶种类繁多，不一而足。喝茶也是因时因地因人而异的。有人早、中、晚喝的茶都有讲究，如有人倡导“早茶一盅一天威风，午茶一盅

月光白

一身轻松，晚茶一盅安神消肿（食）”，早饭半小时后一杯绿茶最提神，一般空腹不喝茶，鞣酸对胃有刺激；中饭午间稍作休息后，乌龙茶口重，又馥郁芳香，杀菌、祛腻、清胃、抗疲劳之功效；下午花茶满口香，滋阴养脾；晚上一杯黑茶好入梦，现代人晚餐最丰盛，黑茶可提高胃酸分泌量，促进脂肪食物代谢，可达到消食、助消化、降血脂的功效。由于生活水平的提高和生活方式的变化，原来以食根系植物的南方人、尤其汉族人，现在也食肉类制品诸多，也需消食降油脂，所以“藏（黑）茶汉喝”已成为常态。

玫瑰花茶

藏茶汉喝

时有四季、春困暑热、秋燥冬冷之分，不同时节喝不同茶有利于健康。一般春季饮花茶祛春困。冬去春来、大地转暖、万物复苏，但人们却普遍感到困倦乏力，“春困”，春季也是各种病源微生物繁殖和作祟之际，此时宜饮花茶，花茶茶汤醇香甘甜，芳香伊人，利疏肝理气、祛郁提神、温补阳气、提高人的免疫力。一般选用茉莉花、栀子花、桂花、玫瑰花、薰衣草、薄荷、洋甘菊等花茶的较多。

花果茶种类繁多

夏季饮绿茶解暑热。暑为阳邪，人在酷暑之下容易心火过旺，体力消耗大、精神不振。绿茶性凉，可消热消暑、利津止渴、调理肠胃。除绿茶，还有福建白茶。

■ 白茶

秋季饮乌龙茶（也称青茶）润秋燥。秋天秋高气爽，温度不寒不热，是比较舒服的季节，但也要防秋燥，秋燥最伤肺，故秋天茶饮应以润肺、养肺为主。其中选用乌龙茶最为理想。乌龙茶不寒不热，介于绿、红茶之间，有润喉生津、润肤生肌，既能除体内余热、又能恢复津液。

■ 红茶茶汤

■ 沏品乌龙茶

冬季饮红茶暖身体。冬季万物蛰伏，寒气袭人，人体生理功能减退，阳气渐弱。红茶品性温和、味道醇厚，会有丰富的蛋白质和糖，冬季饮之，可补益身体，善蓄阳气，生热暖腹，从而增强人体对冬季气候的适应能力。冬季食欲增大，饮用红茶还可以解油腻、助消化，等等。

地有中外、东西、南北之分，不同地域的人有不同习俗，不同的习俗有不同的茶俗，相互尊重“茶俗”，也有利于促进社交健康；如南方人喝绿茶、红茶、干花茶多，北方人口味重、要喝口感“霸气”的，如花茶、乌龙。边疆食牛、羊肉多的是粗茶及黑茶；欧洲及中东人喜欢红茶加奶或糖。人有男女老幼之分，不同的人喝不同的茶，有利于健康，尤其老人与小孩不宜喝浓茶，老人防止骨质加速疏松，小孩成长发育时浓茶防止影响发育生长；水有硬、软质和清、轻、甘、冽、洁、活之要求，不同水泡出不同的茶；还有社交中有情绪好坏之时，位重与位轻之别，不同环境、不同心情、不同喜好、用好不同茶，选用不同茶具，不仅有利于身心健康，也有利于促进人际交往。茶是热饮还是冷饮好？也因人而异，一般是冬热夏凉春秋温；茶不宜久泡（煮），应即泡即喝，也不宜太烫，防口腔溃疡。

喝茶也不是越多越好，尤其不宜喝浓茶，据广州中医药大学第一附属医院泌尿外科教授王峻介绍：临床发现，长期饮用浓茶的人患结石几率较不饮用浓茶的人要高，因为茶中含有草酸、鞣酸不仅可以形成草酸钙结石，而且会加快钙的排泄率，他建议喝茶不宜浓，喝淡点为好，大约每天5～10克茶叶。王教授还介绍，喝茶水与喝水一样，也不宜太多，尤其口渴时，大量饮水（茶）会导致细胞外液中的电解质浓度降得更低，而补进去的水分子大量流入细胞，会造成细胞水肿而身体依旧脱水，俗称水（茶）中毒。

茶具随着饮茶文化的发展而发展，随着人们审美心理的喜爱而丰富的。

■“茶艺大师杯”比赛中的西班牙选手

现在茶具也是多种多样，瓷、玻璃、紫砂、陶、石、木、金属等，除了紫砂具有一定的透（吸）气功能外，用什么茶具也是因人、因茶、因时、因场合而定，茶具除了接待上似同餐具有讲究外，完全因自己实用、玩赏和审美需要而选用。所以科学喝茶首先要懂茶，才会选用茶具泡茶、妙用茶、品饮茶。会泡茶是修气质，会品茶是练心境、学做人，会选茶具是美感的品位。所以，当你静下来，泡一壶好茶，与一两个好友品茗聊天，是否会感受到特别惬意，这才是真正的享“清福”呀！

茶作为健康养生食品，也不能只停留在茶的喝饮上，应走深加工的发展之路，可饮（料）茶、吃茶、用茶，使之成为茶保健产品。茶艺表演也不能只体现泡茶艺术，也可与表演制作精美的茶糕点艺术相结合，茶、点同辉，吃、饮共品。2017年9月，我在湖北省恩施土家族苗族自治州举行的国际茶产业大会上，有18多个国家（地区）代表参赛的“茶艺大师杯”评比中，

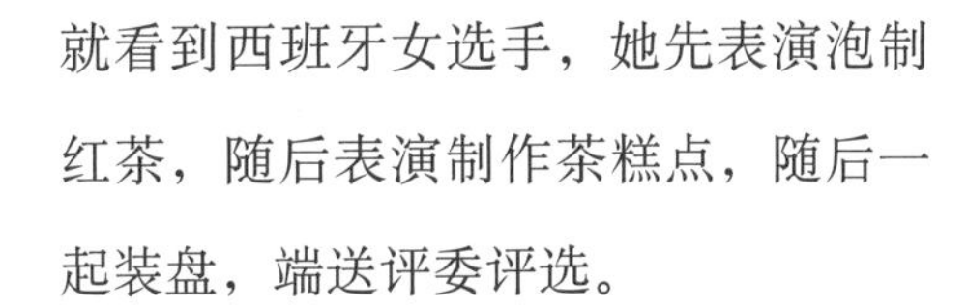

就看到西班牙女选手，她先表演泡制红茶，随后表演制作茶糕点，随后一起装盘，端送评委评选。

茶养生要与食品、读书、书法、保健、经络、药膳、音乐、运动、休闲等爱好结合起来更修性养生。要与相关社团（单位、企业）联盟联手共同推进，这样茶与茶文化才真正体现它健康属性和休闲的生活方式。

■ 中国的擂茶实际上也是吃饮同品的体现

■ 茶日化用品

（四）倡导茶和茶文化是“一带一路”中的好媒介

中国提出的“一带一路”倡议已经由理念转化为行动，越来越受到世界各国的关注和参与。2017 年 5 月 18 日，习近平主席向首届中国国际茶叶博览会致贺信中说：“以古代丝绸之路、茶马古道、茶船古道，到今天丝绸之路经济带、21 世纪海上丝绸之路，茶穿越历史、跨越国界，深受世界各国人民喜爱。”他希望我们“弘扬中国茶文化，以茶为媒、以茶会友，交流合作、互利共赢”，“谱写茶产业和茶文化发展新篇章”。

历史上，中国茶叶同丝绸、瓷器等一起通过“丝绸之路”走向世界，不仅扩大了世界交往，而且产生了重大影响。在茶叶走出去的同时，茶健康、茶休闲、茶快乐、饮茶器具、饮茶方法和习俗等文化事象也随之传播世

2016 年美国世界茶业博览会中的中国参展商

界，而受到世界的欢喜。据了解，2015 年世界上共生产茶 528.5 万吨，消费了 494.4 万吨茶，消费量占生产量的 93.5%。而中国作为世界上的产茶大国，近几年来，我国的茶叶出口一直在接近 33 万吨徘徊，2002 年中国加入世贸组织后，茶叶出口变化是红茶大幅度下降，绿茶出口快速增长。而出口的大量是原料绿茶，平均每千克也不到 4 美元。2013 年，我国茶叶出口共 32.58 万吨（2016 年也仅 32.8 万吨），其中绿茶 26.45 万吨，占出口总量的 81.18%；红茶出口 3.29 万吨，占出口总量的 10.1%；乌龙茶出口 1.7 万吨，占出口总量的 5.22%；花茶出口 0.69 万吨，占出口总量 2.12%；普洱茶出口 0.45 万吨，占出口总量的 1.38%，等等。造成我国茶叶出口国际上的份额不高、进展不快原因是多方面的，如有茶叶安全标准问题，有文化差异和经营方式问题，有利益冲突等原因。

我认为，在中国茶和茶文化进一步走向世界，谱写新篇章的问题上，有五个问题更需值得我们重视和研究。一是改变原有中国式的传统经营思维与方式，切实了解世界各地对茶消费的习俗和文化，有针对性地采取营销策略。这方面，参照这些年“中国餐馆”在国外的成功经验，根据不同国家（地区）的人的生活习俗，选准自己要服务的消费群体，调配出不同的口味，抓住了他们的“胃”，就抓住了他们的“心”。二是要十分重视中国茶的品质标准建设。如茶的安全标准和茶的规范化生产方式；同时，对中国茶要有民族特色和中华文化特色的自信，不应在倡导与国际接轨中妄自菲薄，甚至被别人牵着鼻子走。“只有民族的才是世界”，国际化应是对世界化的总结提炼。三是通过创品牌建立公开透明的信息诚信体系，便于人家可看可查可体验，避免人家对我们有暗箱操作之疑。四是茶叶走出去，同时应讲好中国茶的故事、介绍好中华茶文化。由于东西方文化的差异，在介绍中华茶文化时要用外国人喜闻乐见的方式，多讲茶具有的普世意义的文化，如中国茶品种特点、茶品质、茶健康、茶休闲、品饮茶方法、茶器具、茶艺术等中国茶文化特色，少点教条、少点抽象。五是茶的生产经营方式无论对国内和国外消费群体，应该学习借鉴法国红葡萄酒的生产经营模式。1994 年 12 月，我随国家工商局的人员一起在法国学习考察一个多月，其中一个星期时间在法国波尔多葡萄酒产区考察中了解，法国葡萄酒分为白兰地即干邑高度酒，酿制而成的红、白葡萄酒，汽酒等几大类。就法国红葡萄酒而言，大部分（60%以上）是餐前酒，1 ~ 2 欧元 / 升，使广大民众能消费得起；相当一部分（20% ~ 30%）是“列级酒庄”，如“拉图”“拉菲”“玛歌”、“红颜容”“木桐”等系列高档与中档红酒，能满足有消费条件和品位的人士的需求；极少数（10% 左右）是“奢侈品酒”，满足只有极少人能玩得起、藏得起、消费得起的人士去追求。这个世界上，目前只有法国的红葡萄酒文化能与中国茶文化相匹配，我们为何不能取人之长，以扬自己的优势呢！

参加 2015 中国国际茶商大会留影

1992 年 12 月 21 日，美国前国务卿基辛格博士到老舍茶馆品茗看戏

■ 中国茶走进米兰世博会

■ 米兰世博“茶仙子”合影

中国茶叶进一步走出去要搭建好各种平台，也要搭建请进来交流的平台，如举办国际茶业大会等，请世界上著名茶企和学者专家来交流合作。就要像北京“老舍茶馆”那样，在中国饮品茶的同时要自信地凸显中国的民族文化和京韵文化；要发挥在境外的涉外组织创办类似“华茶驿站”饮茶门店，扩大茶及茶文化的交流传播等方式和途径；像浙江大学组织中国大学生茶艺表演团出访意大利及哈萨克斯坦等国家，配合中国茶叶的展销，扩大传播中国茶品牌和茶文化的影响；像浙江农林大学利用汉语言文化组团出访，讲好中国茶的故事，传播中华茶文化，让世界上更多人了解和喜欢中国茶，从而让更多人选择中国茶。

■ 浙江农林大学王旭烽教授在国外交流茶文化

（五）各方协调、六力合一，共同谱写茶产业和茶文化的新篇章

在当今时势下，全国各地对茶产业的发展积极性很高，尤其是一些产茶的地区（山区）把发展茶产业作为精准扶贫致富的一种优势产业。从而茶产业的发展也面临着供给侧结构的改革。中国国际茶文化研究会周国富会长总结概括了“六茶共舞、三产交融、全价开发”的新理念。我认为“六茶共舞”要有创新意识、绿色意识，“三产交融”不能一、二、三产业分割开来“三张皮”的凑合，而是你中有我、我中有你的相互融合在一起，适应茶多元消费的立体式“全价开发”。新形势下，茶的供给侧结构的改革，解决茶产业、茶生活不平衡不充分发展矛盾问题，需市场、政府、企业、社团、科技等各方合作。形成“六力合一”：一需要茶多元消费市场发展的拉动力；二需要茶科技进步的推动力；三需要茶文化传播的引领力；四需要品质品牌的竞争

■ 刘仲华教授（左二）带领科研团队研究黑茶

力；五需要党委、政府政策的主导力；六需要企业的创新活力，企业是市场主体，是品牌的创造者、科技文化的应用者、政府政策的活用者，企业有创业、创新的活力，产业有希望，市场就繁荣，人民生活有品质。

茶产业能否在市场消费中打开新局面,茶产品的品质品牌（包括安全性）是市场消费者所关注的，有品质、有口碑、讲诚信安全而又价格合理的茶品消费者就欢迎、市场前景好，就会形成品牌。对于茶品牌，至少在中国，消费者首先关注的是公共品牌，如“西湖龙井”“信阳毛尖”“黄山毛峰”“祁门红茶”“福建岩茶”“云南普洱”等，至于是什么企业的品牌，消费者一般不会刻意去关心。当然，“公共品牌”的品质背后支撑是若干知名茶企业，没有一大批知名茶企的支撑，公共品牌的品质、安全难以得到保证。而茶产品的品种的多样性并品质安全的茶品牌，又是靠科技进步创新推动的，市场

■ 在2017年5月举办的首届中国国际茶叶博览会期间，评选出“中国十大茶叶区域公用品牌”

经济条件下同其他商品一样“好茶也要多吆喝”，也要通过茶文化传播宣传的领引力使消费者在潜移默化中认知和接受，这一切都靠企业的积极性和活力。

2016年10月18日，在河南省开封市举行的第十四届国际茶文化研讨会上，湖南农业大学博士生导师刘仲华教授作的《科技文化协同扩大消费，正确处理茶业发展的十大关系》演讲中提出“古树野生茶与良种茶，规模栽培与有机茶园，古法制茶与机械制茶，传统风味与改良品质，纯料制作与拼配加工，传统泡饮与机器冲泡，国内市场与国际市场，产品标准化与差异化，品饮消费与投资收藏，饮茶保健与吃药保健”等观点引起与会人员的强烈反响，就在于刘教授围绕着茶消费这个主题，从茶科技与茶文化的关系协同起来研究，促进茶产业发展，使人耳目一新。而各方合作、六力合一都需要政府的高度重视和相关政策的主导力。自古以来，只要政府重视什么、市场导向什么、企业（或民间）活跃什么、社会上才会真正时尚什么。如周朝开了贡茶祭祀的先例，至今民间还是流行用茶祭天地敬神祖的习俗；唐代首开对茶叶的赋税政策，使茶叶成为独立的经济作物而大发展；宋徽宗赵佶著《大观茶论》，不仅在宋代的开封、杭州两都，乃至对全国饮茶之风影响很大；明太祖朱元璋下诏罢废团茶推广散茶，各类茶品以散茶泡饮至今，既方便了百姓，又促进茶类与茶品种的丰富多样；毛泽东主席1954年指示时任山东省委书记谭启龙同志试验“南茶北种”，1956年开始茶树在山东青岛、临沂、日照地区试种成功，山东地区从此有了产茶历史。习近平总书记一贯都强调“绿水青山就是金山银山”，并十分重视茶及茶文化，不仅不少省委、省政府把茶和茶文化作为本地经济文化发展、让农民脱贫致富的一条有效途径，以此推动茶文化弘扬，也必将会带来茶产业的振兴发展。一些地方在地方政权机关重视下，2013年起，如浙江省一些地市人大常委会通过了每年谷雨为“全民饮茶日”，这些地方每逢谷雨前后，出现了“万民共饮茶”活动的盛况，以此来影响和带动全民饮茶之风，等等。

在我国现有的政治体制下，无论哪个涉茶的社会团体，要明确自己的性质与定位，不能单纯的就茶论茶论文化。在“以茶惠民”的初心下，切合社会发展的实际，也要有政治意识、大局意识、核心意识、看齐意识，紧贴

■ 2012 年杭州“全民饮茶日”活动

地方党委、政府的中心工作，这样茶文化才能接地气，而且才会纳入社会发展的主流。涉茶团体要利用社会团体这个平台，努力在弘扬茶文化、发展茶产业中发挥促进、联络、联谊、服务的桥梁和纽带作用，为专家（学者）的研究和茶企的发展助力，为政府职能助智（建言），为社会民众普及饮茶助推，形成一个政府主导、企业和各类人才主力、社团和民众参与的共同关注、协调创新、相互协同、“六力合一”的共赢共享的新格局，那么“谱写茶产业和茶文化发展新篇章”才会指日可待。

附　录

知行合一，用心则强大

2017年3月12日在余姚（杭州）商会理事大会上的发言

近一些年，我们频频看到全国各地隆重举行祭祀明代著名的哲学家、思想家、政治家、军事家和教育家王阳明先生大典系列活动。如2016年10月30日，由贵阳市政府出面，国内外3 000多名嘉宾云集在贵州省贵阳（修文）阳明文化园，隆重举行中国·贵阳（修文）第五届国际阳明文化节祭祀王阳明先生大典；2016年11月18日王阳明研究院在绍兴成立；2017年1月9日，

■ 位于贵州的中国阳明文化园

中华孔子学会阳明学研究会汇集了500多位全国机关干部、专家学者以及自发参加祭祀活动的各界人士，于王阳明先生逝世488周年纪念日当天，在绍兴兰亭花街鲜虾山王阳明墓地举行了祭祀大典；2017年2月18日全国各地一百多名企业高管赶到绍兴兰亭花街鲜虾山祭拜王阳明先生，他们在王阳明墓前或恭读祭文，或诵唱《吾心光明》，或祭诵《教条示龙场诸生》即“四事规：立志，勤学，改过，责善”等活动。王阳明是我们余姚的乡贤，阳明先生已离世近500年，人们怀着由衷敬崇之心依然如此敬重王阳明，到底是在寻思追忆王阳明先生的什么呢？

2015年，习近平总书记说：“阳明心学是中国传统文化中的精华”。他在全国许多场合的讲话中反复强调要“知行合一”。时任中共中央政治局常委、中央纪委书记王岐山同志也多次感慨：“我脑海里常浮现王阳明的‘致良知’和‘知行合一’两句话”。中央高层领导的反复强调，往往都具有重要的现实意义和指导意义。

直面当下，我们这个社会发展很快，人民群众的物质生活也越来越富裕，但许多人内心迷惘和惆怅的焦虑心情可能反而俱生了，言行不一的也大有人在。社会上许多有识之士希望能在阳明心学的“知行合一”和王阳明先生的“立德、立功、立言”精神中得到获释，为此，王阳明先生和阳明心学的精髓“知行合一”成为社会的热门词语。我是从领导岗位退下来以后，2013年初，因从事茶文化工作而与阳明先生的“知行合一”结缘的。我原本是个既不嗜好茶，更不懂什么是茶文化的人，是阳明心学的“知行合一”让我“用心”地去学习钻研中华茶文化，“博学之，审问之，慎思之，明辨之，笃行之。”近几年，我写了具有自己独立思考见解的、近十万字的《中华茶文化的知和行》的讲稿，并在省内外几十个场合作了交流讲座，反响都不错。说白了，王阳明心学的“知行合一”实际上是教人要用心地“致良知”“事上练”的大学问。阳明心学的“知行合一”不是“知道”“了解”了才“行动”，而是叫人“意念上一经发动就要行动”，如思想上一想到好（善）的念头就同时要去做、甚至磨炼，思想上一出现不好（恶）的念头就马上要“祛除”，这才叫“致良知”“事上练”的“知行合一”。阳明心学告诉我们“世上无难事，只要能致静（心安），并肯用心”。能“用心”就是种责任感和使命感。

■ 王阳明塑像

王阳明先生作为“内圣外王”的奇人，他的“心学”博大精深、内涵丰富、力量无穷，不是我等之辈都能轻易理解的，我有以下几点感受特别深。

关注自己内心，心安即强大。无论谁，身处何种时代、何种体制、没有人能替你看顾你的内心。过去我们常听人说：人最大的敌人是自己的内心。中央电视台著名主持人倪萍的《姥姥语录》中说：“自己不倒，啥都能过去；自己倒了，谁也扶不起你。”在朱熹理学一统天下的时代，当王阳明提出“圣人之道，吾性自足”，它的俗世智慧“知行合一”给当时的人们带来了巨大的冲击,从而对王阳明的非难和指责者层出不穷,遭受奸臣谗徒的围攻、似“乌云压城城欲摧”之势。王阳明曾经这样形容自己的处境 :“危栈断我前,猛虎尾我后,倒崖落我左,绝壑临我右。我足复荆榛,雨雪更纷骤…… ”但王阳明没有被吓退,他压抑自我、反省自我、坚信自我,认为自己的心学是精确、明澈、有良知的。“使天下尽说我行不掩言,吾亦只依良知行 ”。所以纵观王阳明的一生,遭受尽了“朝堂险恶,沙场血腥”,但他还是毕生追求真理,“此心光明,亦复何言”,致静心安,意志坚定,特立独行的一生。王阳明对弟子说 :“人心中各有个圣人,只自信不及,都自埋倒了。”他强调以高度自信的姿态屹立于人世间,因为良知人人都有,是一种不需要借外力的内在力量,怎样做,最可靠的还是听从自己的良知,“良知”是人内心生来具有的道德感和判断力,“良、善也”。做坏事的人,良知上也是知道是不对的,只是被利欲隐蔽了良知而已。他常说 :“身之主宰便是心,心之所发便是意,意之本体便是知,意之所在便是物。”心是身体和万物主宰,当心灵安定下来,不为利欲所动时,本身所具备的巨大智慧便会显露出来。美国乔布斯曾去印度修行过,也曾想去日本学禅,这时,一位大师对他说,修行就在日常生活和自己工作中(也是王阳明说的“工作即修行”),乔布斯才决定留在美国并创立了苹果公司。以后他在谈及自己成功时,一直强调:“跟随自己的内心”在“坚持自我内心”时坚持的是“致良知”,不是“以我为中心”“为出发点”,而是应“无我”。王阳明认为“有我”是恶,“无我”才是善,王阳明“心学”中有四句名言 :“无善无恶心之体,有善有恶意之动,知善知恶是良知,为善去恶是格物。”“有我”是良知不明,“无我”就是“致良知”。实际生活中,当人们能够放下“有我”,不以自我为中心、为出发点时,就会发现无论是在精神上还是物质上你都会感到得到更多。当人找到并遵循

■ 史蒂夫 · 乔布斯

内心的良知，知行合一，宁静则致远，心安即强大，复杂的外部世界就将会变得格外清晰，对什么都可以看透的人，放下自我，致胜决断，了然于心。

知行合一，致良知，智勇双全。王阳明是“知行合一”的创立者，也是“知行合一”的践行者。他倾其一生都是在追求真理，无私无惧。他屡立旷世的功劳，却又屡遭奸臣佞人的谗诬诓诈的围攻和构陷，可谓是经历了“百死千难”：他经历了当众廷杖的奇耻，下狱待死的恐怖，被贬路上的追杀，流放南蛮的绝望，瘟疫肆虐的危险，荒山野岭的孤寂，无人问津的落寞，龙场悟道的狂喜，得道以后的平静……他无论在血腥的沙场，还是险恶的朝堂，都是智者坦荡，勇者无惧。在他写的《啾啾吟》诗中说道“智者不惑仁不忧”，“信步行来皆坦道”，“丈夫落落掀天地”，“人生达命自洒落”。一如平日泰然自若，丝毫未露畏惧之情，支撑他的是俗世智慧“知行合一”，即遵循内心的良知，便能达宁静于心，无敌于外的境界。从而他凭借“知行合一”的强大力量，谱写了流芳百世的“三不朽”：王阳明率文吏弱卒荡平当时南赣地区（江西、福建、广东三省交界地）数十年的八大巨寇，只用了一年三个月时间；王阳明以几封书信，一场火攻，35天内平定了宁王朱宸濠之乱，只手扶住了明朝社稷，更让广大百姓避免了一场生灵涂炭的灾难；王阳明在重病缠身只剩半条命的情况下，仍接受朝廷的任命，远赴广西平乱，不到十个月时间从根本上扫清了困扰明朝政府多年的广西部落匪患，缓解了民族地区矛盾冲突。这一切都表明王阳明是“此心光明，内圣外王”的智者勇者。他以自己无私无惧坚毅的形象成为黑暗时代耀眼而永恒的光亮。习近平总书记曾说：“未来中国，是一群正知、正念、正能量人的天下。真正的危机，不是经济、金融危机，而是道德与信仰的危机。谁的福报越多，谁的能量越大，与智者为伍，与良善者同行，心怀苍生，大爱无疆。”我们都应深思和敬畏。

天地万物一体，要“亲民”“至善”是“大人”的真谛。 过去儒家学者认为《大学》一书，是有关“大人”的学问。古典儒学和朱熹认为“大人”就是获得治国安邦能力和光明自己品德的人。但王阳明认为：“所谓‘大人’就是以天地万物为一体的那种人”。这种人不仅把天下人看成是一家人，把所有中国人看作一个人。所以，“大人”能有“亲民”“至善”“仁爱”之心；实际上天地间万物都是相互联系的一体，懂得敬畏天地、敬畏大自然、敬畏人文、敬畏别人，就是在尊重自己，否则，会得到报应。敬畏不仅仅是礼仪，更是人生“自性的庄严”。“三军可以夺帅，匹夫不可夺志”，有尊严的人值得敬畏。美国波士顿有座犹太人屠杀纪念碑，碑文是：“当他们来抓共产党人时，我不是党人我没作声；他们来抓犹太人时，我不是犹太人我没作声；他们来抓工会会员时，我不是工会会员，我没作声；他们来抓基督教教徒时，我是新教教徒，我没作声；最后，当他们来抓我的时候，已经没有人为我说

■ 波士顿纪念碑

话了。”说得多深刻呀！社会是一个整体，社会成员是相互联系，当不同信仰的别人有危难时，自己明哲保身不敢挺身而出去作斗争，到危难轮到你自己头上时，已经没人可为你挺身了。这就是“天地万物一体”的道理。

王阳明说：“天地虽大，但有一念向善，心存良知，虽凡夫俗子，皆可为圣贤”。大家可能知道世界著名的经营大师、日本人稻盛和夫成功的故事。1959年，27岁的稻盛和夫和8位员工成立了日本“京都陶瓷”，37岁时“京瓷”股票上市交易，很快进入世界500强企业。1984年，他又创立了电信公司，称“第二电电（DDI）”，几年后，DDI微笑着又跻身世界500强企业。稻盛和夫有何本领，居然能将两个企业看上去毫不费力地带入世界500强？有人说，稻盛和夫原本并不是个聪明的人，用中国人说法，他是个“困知勉行”的人。他读初中、高中、大学考试总是不及格，最后只能到陶瓷厂当工人。稻盛和夫多次声称，他是从日本“明治维新”三杰之一西乡隆盛处知道王阳明心学的，他人生中最大的偶像是中国的王阳明，记住了王阳明的“致良知”演绎成“敬天爱人”，稻盛和夫对“敬天爱人”解释为：敬畏上天，关爱众人。所谓“敬天”就是依循自然之理、人间正道——亦即天道，与人为善，换言之，就是坚守正确的做人之道。所谓“爱人”，就是摒弃一己私欲，体恤他人，持利他之心。说明，他有天地万物一体的理念，尊重别人，就是在尊重自己；关心别人，就是在关心自己；肯定别人，就是在肯定自己；否定别人，就是在否定自己。他后来又详细总结：“你做的什么是正确的，你的良知一目了然。因为人有本能，有欲望妨碍着你不能正确判断事物，用私欲心来判断，你肯定不能得出正确的判断，即使成功也是一时的成功。你要有宽阔的视野摆脱束缚。你办企业，不仅要考虑自己利益，也要考虑员工的利益、客户的利益、社会的利益，那么员工记得你，你对员工严格要求，他也能接受”。出于对良知的领悟，稻盛和夫提出这样一个经营管理的哲学观点：

■ 稻盛和夫

“作为人，何谓正确！”“作为人”的主题，它具有普遍性，就可与全体员工所共有共享。实际上稻盛和夫是从王阳明那里得到“知行合一”的管理思想的，他说：“无论你读过、听过多么好的道理，不亲身实践就毫无意义。为提高心性，到圣贤们的著作中寻求真理，乍一看，尽是理所当然的，太简单的道理，很多人往往用头脑理解后，就自以为是已经掌握了，已成了自己的东西了，其实不然，他们并没有真懂，因为不想将这些真理付诸实践。”所以，你要想成为“天地万物一体”的“大人”你就要把自己放到“天地万物一体”之中去“致良知”，在“亲民”“至善”“仁爱”上去“事上练”，才算“天地万物一体”中“知行合一”。

知行合一，坚持实践的精神。王阳明是创立心学的圣人，也是注重实际、实践的伟人，在处理实际问题时，他会随机而变，从不会在一条道上走入死胡同，良知告诉他“道可道，非常道”——道可以言辞表述的道，但没有永久不变的道。所以，他的心学思想，不是一般读书人的坐而论道，空泛的哲学理论。王阳明的心学是他历经百死千难、在跌宕的人生磨砺中悟道出来的真理。这是以往圣人都无法与他比拟的。这也是他遭受传统儒家门生们指责、嫉妒、围攻和构害的一个重要原因。王阳明对“知行合一”这俗世智慧是这样具体阐述的：“知是行之主意，行是知之工夫。知是行之始，行是知之成。”“知而不行，只是未知”，“行知明觉精察处、便是知，知之真切笃实处、便是行 。若行而不能精察明觉、便是冥行。便是‘学而不思则罔’”，所以必须说个知。知而不能真切笃实，便是妄想、便是‘思而不学则殆’，所以必须说个行。原（元）来只是个工夫。”大家知道“知行合一”的“知”不是知道、知识，而是“良知”，“行”也不是一般意义上的行动，而是“事上练”，“知行合一”的中心是“行”，而“行”是广义的，“一念发动处即是行”。

如果王阳明的“天地万物一体”是世界观的话，那么“知行合一”是辩证的方法论。王阳明还有个很有现实意义的观点是“工作即修行”。他说：“心学不是悬空的，只有把它和实践有机结合，才是它最好的归宿。我常说去事上磨练就是因此”。“如果抛开事物去修行，反而处处落空，得不到心学的真谛”（引自度阴山著《知行合一 · 王阳明 1、2、3》。因为一个人最大的无良是不履职、不担当。不履职、不担当的人是对你良知的背叛。王阳明说：工作中修行就是在工作中自然而然地按照良知要求去行事，除了良知的指示外，心无旁骛。1509 年，王阳明从贵州修文的龙场出山去任了江西省庐陵县令，他在庐陵县任庐陵县令时就是这样实践的。据说，当时的庐陵县被称之为“刁民”县、恶人先告状的县，他到位后没有先去惩罚“刁民”，而是在调查研究的基础上，按他自己的“工作即修行”的观点，构建一个“四和”境界，与天和（遵循规律、注意与上级关系），与地和（了解当地百姓之心，尊重当地民俗），与人和（注意与同事、下级关系），与己和（不违背良知），当他“四和”进入状态后，他才提醒一些“好事”的人，如果再恶人先告状、“耍无赖”，他要做规矩严惩了。据史料记载，这个“刁民”县最后被他治理了。官场如此，企业也是如此。稻盛和夫说，在工作中修行，是帮助我们提升心性和培养人格的最重要、也是最有效的方法。我们去用心工作，就是在用心工作中磨炼我们的心态，提升我们的灵魂，光明我们的良知。因为在工作中修行，就如同走路，边走边认，边问边走，在路上体究良知，最后必能达到良知的光明。

王阳明心学中的“良知”存在于我们每个人身上，每个人只要关注自己内心，在“良知”上“致（正）”，并能 “知行合一”而“事上练”，人人都可“此心光明”、少了许多迷惘与惆怅、焦虑与纠结，不会“世风不再”。1508年王阳明在“龙场悟道”以后，在他居住的山洞前，辟出一块空地，作为他心学的潦草的“讲习所”。他千方百计、三番五次地让当地土著居民来听他讲授“心学”，最终，土著居民被他感动了，不仅听他讲学，还与王阳明建立了友好关系，所以说王阳明的“心学”是“草民”心学，是活泼泼的心学。人只要不被利欲隐蔽良知，人人都有良知的，无论“世风”如何变，对于绝大多数人来说，不可能抛弃“良知”去当“恶人”。只要像王阳明先生那样“知行合一”的立德、做事、为人，“与智者为伍，与良善者同行，心怀苍生，大爱无疆”。

百丈寺

体验“禅茶一味”

2014 年 11 月 8 日（农历闰九月十六日），我应邀参加在江西省奉新县境内大雄山脉的百丈寺举行的第九届世界禅茶文化交流大会。听说这是中国佛教协会副会长、河北佛教协会会长净慧长老倡导，由中、日、韩三国相关人士参加的一项禅茶文化交流活动。我认为这项交流活动非常有意义，它不仅可促进禅文化与茶文化的交流发展，从而为禅文化和茶文化在中国和全世界传播做出重要贡献，还可推动茶产业的发展。因为几千年来中国茶的功能和作用，有天然的互通共融之处，结下了不解之缘，还创立了“茶禅一味”的核心理念。

从禅茶结合的物质层面说：现代科学研究茶叶中至今已可分离鉴定的成分有500余种（现研究有700余种），其中有机化合物有数百种，无机营养素有几十种，主要有生物碱类（如咖啡因、茶碱、可可碱）、多酚类、维生素类、矿物质、氨基酸与蛋白质类、茶色素等。所以《中国茶经》书中，归纳茶的传统医疗功能有24项，如少睡、消食、下气、安神、去肥腻、治心病、清头目、祛风解表、止渴生津、延年益寿等，这非常适应僧人生活的需要。佛教僧人坐禅，一般一日只食两餐，早上6点左右为朝食，下午4点以前为晡食，长期打坐禅修，一需提神解困，二需补充营养，三僧人整日打坐、需要消化理气，所以茶是最佳的佛禅食物。唐代封演所著《封氏闻见记》记载："南人好饮之。北人初不多饮。开元中，泰山灵岩寺有降魔师，大兴禅教。务于不寐，又不夕食，皆许其饮茶。人自怀挟，到处煮饮，从此转相仿效，遂成风俗。"

从禅茶结合的精神层面说：自古僧人多爱茶、嗜茶，并以茶为修身静虑之侣。因为佛教倡导的"苦、静、凡、放"都与茶的内涵（文化）有关。

苦：佛教理论基础是释迦牟尼创立的苦、集、灭、道"四谛"，而苦为"四谛"之首，佛教认为一切由"苦"引起。所以把参破苦谛作为修炼之要。李时珍在《本草纲目》一书中写道："茶苦而寒，阴中之阴，最能降火，火为百病，火清则上清矣"。喝茶可品味人生，有助于参破"苦谛"。

静：佛教主静。尤其是禅修把静坐静虑作为历代禅师们参悟佛理的重要课程。在静坐静虑中，人难免疲劳发困，这时候，对僧人来说提神益思克服睡意的只有茶。茶道讲究"和静怡真"，而茶把"静"作为达到心斋座忘，涤除玄览、观道或味象的必由之路。

凡：佛禅要求人们通过静坐静虑，从平凡的小事中去契悟大道，已达大彻大悟。日本茶道宗师千利休曾说过："须知道茶之本不过是烧水点茶"，说的是：茶道的本质确实是从微不足道的日常生活、琐碎的平凡生活中去感悟宇宙的奥秘和人生的哲理。

放：佛教禅修特别强调"放下"。因为人的苦恼，归根结底是因为"放不下"。近代禅宗泰斗虚云法师说："修行须放下一切方能入道，否则徒劳无益。"品茶也强调"放"，放下手头工作，偷得浮生半日闲，放松一下自己的精神和性情。演仁居士有诗曰：放下亦放下，何处来牵挂？做个无事人，笑谈星月大。

为此，一般寺庙中常备有"寺院茶"。佛教和民间一般也将做好的茶叶用来供佛敬祖待宾客。为了满足寺院和僧众的日常饮用和待客之需，寺庙推广自己的茶园，自觉不自觉地研究并发展了制茶技术和茶文化，也客观上推动了茶叶生产的发展和制茶技术的进步，也为茶道提供了物质基础。自唐以来中国与海外交往增多以及通过来华取经的日本、韩国等国僧人把中国茶及茶道传播到日本、韩国、东南亚及世界，从而也带动了中国茶及茶道在海内外的兴起。所以，世界禅茶文化交流大会既是中、日、韩等国禅茶文化的交流平台，也是对茶和茶文化发展的促进。此等好事，中国国际茶文化研究会是责无旁贷的，周国富会长派我等去参加，我与学术与宣传部部长陈永昊等人于11月8日上午8点50分，从杭州乘G97次动车出发，行程5个多小时后，下午2点10分到达南昌站，承办方江西茶人联谊会的负责人张卫华先生（也是泊园茶人服饰有限公司董事长，本次世界禅茶文化交流会的实际组织者及赞助人之一）已派他自己专车在南昌火车站内等候。当今社会，城市交通到处拥挤，用了一个小时车子才出城上高速公路驰向奉新县百丈寺。开车司机小夏（是张卫华先生的专职司机），是位能干、热情、健谈的小伙子，他一路向我们热情介绍这几年南昌的发展情况，奉新县及百丈寺的概况，本次世界禅茶文化交流会筹备工作及他老板张卫华的热心和操劳。并告知出南昌城，到百丈寺约需 2 小时左右时间。

因前一天（7 日，立冬日）南昌地区下雨，8 日是雨后天晴，一出南昌城就看到蓝天白云，晴空万里，空气清新，加上深秋的景色红黄绿相交，层次分明更加惊艳，颇有"自古逢秋悲寂寥，我言秋日胜春朝。晴空一鹤排云上，便引诗情到碧霄"（唐 · 刘禹锡《秋词》）的意境。下午 4 点左右车下了高速公路到了大雄山脉下，我们沿江西通长沙的老国道行驶，后转入上山的公路，弯弯曲曲，蜿蜒崎岖地向上慢慢爬行，近傍晚 5 点到了百丈山顶新建雄伟的百丈寺大山门。小夏说，前面就是百丈寺了，我举目望去隐约看到一片雄伟壮观的寺庙建筑浮现在我们眼前。只见这里群山环绕下的一方山坳平坡，四周高峰耸立，山峦叠翠，云雾缭绕，一处修身养性的宝地。约几分钟我们车到了寺庙前的停车广场，已有几十辆车停在那里，小夏将车直接开进寺庙院内，刚在寺庙西侧停下，一缕金黄色的阳光照射在庙寺西侧的建筑上，随我同行的人惊呼：佛光，佛光！ 我内心一阵惊喜并默默地祈祷，但还是淡定地去报到处领客房钥匙，会务组安排我在寺庙内一幢叫"无相楼"的 201 房下榻。百丈寺创建于 1 200 年前的唐朝，是禅宗清规发祥地，后几经灾毁。现占地 1 200 多亩的雄伟壮观的百丈寺是 2004 年由年近百岁的当代佛门泰斗、中国佛教协会名誉会长本焕长老筹资 1.5 亿多元建成，2011 年 8 月 31 日开光落成。此次来宾有 600 ~ 700 人，要在远离村镇的高山寺庙中都落住下来确实很困难，直到晚上 9 点多我的秘书胡勤刚等人才好不容易地搞到一席又挤又冷的通铺。

傍晚 6 点多我们用了素斋。晚上 7 点大会开幕式在寺庙广场举行，因前一天是我国立冬节气，8 日已是初冬，海拔 800 米高山的初冬之夜冷风嗖嗖，显然比杭州寒冷许多，好在我带上了风衣御寒。仪式清静简洁，一曲翩翩起舞的《白鹭茶韵》开始，到中、日、韩三国僧人的《百丈茶规》的禅意浓浓的茶道表演中结束，中间穿插着体现《百丈清规》精神的茶歌、茶书画、茶事、茶道等表演，充分体现了“梵我一如”的哲学思想及“戒、定、慧”

三学的修养理念，也充分展示了宁静、内敛、淡定的“禅茶一味”的意境。我作为组委会主任、中国国际茶文化研究会常务副会长宣布大会开幕。此时天上飘落丝丝细雨，使人更感寒意但不湿衣。晚上 8 点 40 分左右回到房间，会务志愿者一位姑娘（这次会务有 80 多人自愿报名当志愿者）通知：晚上 9 点熄灯，如要想参加明天寺庙早课的，凌晨 4 点半起床。我住的客房条件尚好，但无电话电视，我洗漱后上床看了一会书，一天奔波人感到累，不到 10 点就睡了。

寺庙客房的被子又短又窄，尽管房内有空调取暖，但高山的初冬夜特别寒冷，几次被冻醒。9日凌晨4点多突然醒来，就听到寺庙里传来“笃，笃，笃”敲木器的声音，一看时间是凌晨4点半不到，噢，这是庙里叫早的僧人的打更声。昨晚会务志愿者问我是否参加明天庙里上早课时，当时我怕凌晨4点多醒不了，口里只是“哦！哦！哦！”地敷衍着。今天清晨不自觉地醒来正赶上了打更声，看来是佛缘，去感受一次古刹新大庙里的早课佛事，也是次很不错的佛僧生活体验。我马上起床，以显虔诚，洗漱并淋浴更衣。赶到大雄宝殿刚过5点，大殿内灯火通明，已站满僧人、居士，还有像我这一类感受禅僧生活的人。因昨晚开幕式上我已认识了国内来的几位高僧大德和日本、韩国的大和尚面孔，他们同庙里的僧人一起分两边站在傍近三尊高大的佛祖像下的前排，其他来参加早课的有中国的、日本的、韩国的，约有一百多人，

女众在西边，男众在东边，女众多于男众。殿内所有站着的人都胸前合掌循循有词地颂诵着，我不知道他（她）们在颂诵什么经，我见旁边有几个居士手上捧着一本经书，就伸头过去张望，是本《朝暮课诵》书。但更多的居士和参加者手上无经书，在闭目诵吟，我仔细地观听了一会，才听清他们在吟诵“南无阿弥陀佛”，“大慈大悲观世音菩萨”。入了庙殿要入乡随俗，就要怀着敬畏的心情尊重佛教文化，遵规守矩，我忙悄悄地站在东侧男居士们的最外一排，胸前合掌，时而低头闭目，时而环视考察殿内僧人们的动作仪规。殿内手执佛器的和尚，时而敲钟、时而节鼓、时而碰铃，引领着做早课者们颂诵声也时高时低、时吟时唱，有起伏、有节奏地合成一曲妙曼的梵音交响乐。清晨百丈山的古刹本来就空气清爽神怡，肃穆庄严，受有声有色、有招有势的佛事活动氛围的感染，此时此景使人心沉气顺神定，大约这就是佛教文化的力量吧！ 5 点 30 分后，男女众在大和尚们引领下分两路从前殿佛祖像前转走到后殿观音菩萨前又转回前殿，分别在殿内东西侧各自诵经区块环绕一排一排“禅坐垫”来回走完三圈，又转走向后殿返回前殿，面朝佛祖像站在各自禅坐垫后诵经，随后又在大和尚带领下向佛祖顶礼膜拜三次，再听领班和尚有腔有调地高声诵经片刻，全场人士又向佛祖三鞠躬，此时已是早上 6 点，在大和尚带领下大家分两列依次缓缓地走出大雄宝殿，早课到此结束。

早课后，大家分别来到餐堂，一排一排地依次有序地坐好等待过堂用早餐。各人座位面前覆盖放着一大一小两只碗一双筷，人坐定后，一般不作声不动碗筷，随即我听到领班和尚拖着长音的餐前颂词，就膳人员合掌礼仪后，轻轻地把自己用的餐碗反过来等待送餐人员依次来分食物。第一个来送分的是粥，一人一勺，随后分别是来送分素菜和刀切馒头、菜包子的，一轮后，他（她）们再来添加时，要与不要者都或手势，或轻声示意。约 10 分钟大

家用餐完毕，又有领班和尚颂词，随后大家胸前合掌致谢，礼毕各自才起立拿起自己用过的碗筷到门外水龙头冲洗放回后离开餐堂。因上午8时才有佛事活动，时间还早，我先回客房整理去了。

上午8点在百丈寺怀海堂举行清茶敬奉怀海禅师的仪式。怀海禅师是百丈寺的开山鼻祖，生于唐开元年间的720年，圆寂于814年，世寿95岁。他出家后在多个寺庙修行过，后到大雄山脉的百丈山创建了百丈寺，他在百丈寺倡导了农禅做法，即庙寺出家人禅修和耕种自食其力相结合，“一日不作，一日不食”，改变过去僧人云游在外、沿门托钵，不事劳作之习的不稳定局面，强化了丛林组织形式，奠定了禅门的经济基础，推动了佛禅的发展，使寺庙得以稳定发展，也推动了江西宜春地区茶叶的发展和禅茶文化的推广。怀海法师又自达摩法师创立禅宗以来至唐朝时，佛禅内部相当混乱，出现了有戒不守、有律不循、争当法嗣、争夺袈裟等混乱无规的现象。怀海法师为改变这种混乱状况，他多年勤研佛经，探究禅理，整理寺庙饮茶规矩，综合儒家礼仪，创立了禅宗清规，将寺庙大小戒律和饮茶规矩纳入了“诏天下僧意依次而行”的《禅山规式》，人称“百丈清规”“天下清规”。百丈寺在他主持下声名大振、香火极盛，在中外佛教界极负盛名，有“三寺五庙四十八庵”

之说，鼎盛时有僧人 2 000 多，成为全国很有影响的寺庙，怀海法师也成为禅宗泰斗。

对如此一位德高望重、功德无量的禅宗祖师爷，第九届世界禅茶文化交流大会中设立一项中日韩三国禅茶之人清茶敬奉怀海法师的活动，完全符合中国传统文化的义善之举。此项敬奉活动的实际倡导和组织者是著名文化学者，也是中国禅茶文化协会负责人，中国国际茶文化研究会常务理事陈云

■ 作者（中）、余悦（左一）、陈云君（右一）

君先生（天津人），他一身中式唐装衣着，一派禅茶文人的雅气，这么一位禅茶文化造诣颇深的人士，不顾自己身体欠佳，还为此项活动上下操劳，实在令人敬佩。仪式开始前，陈云君先生问我，今天仪式上你、我都有跪拜的礼仪程序，你可以吗？我笑答，今天我作为社团人士参加，入乡随俗，尊重

你们的规矩。他连赞：好！好！上午 8 点左右到达怀海堂前时，已有几百善男信女恭候。刚过 8 点，中国佛协副会长、江西佛协会长、民佑寺方丈纯一大和尚，江西省宜春市佛教协会会长、慈化寺方丈妙安大和尚，百丈寺方丈顿雄大和尚 3 位身穿红黄袈裟盛装的中方高僧大德和日韩两位身穿青黄袈裟的大和尚带领众僧来到怀海堂主持仪式。进入殿堂，他们 5 位面向怀海禅师祖坐像，站在前排。陈云君，余悦（江西省社科院首席研究员、茶文化名人、

中国国际茶文化研究会常务理事，也是本次禅茶文化交流会的实际组织者之一），日本神户大学校长，韩国国际禅茶文化组织负责人和我（我作为主办方中国国际茶文化研究会领导人）5 人站在第二排（我居中），我们 10 人作为主祭人，其他人士站在殿堂内我们 10 位主祭人的两侧，或站在我们身后门外的台阶上。我们跟着司仪僧人的口令三跪三拜，又站立三鞠躬。仪式

毕，我们连同大殿内的所有人都退到殿堂门外，我们10位主祭人在大殿门前的台阶上分东西两侧落座，僧方5人坐东侧，我等5位社团方坐西侧，其他参加者都有序地站在台阶上下四周。随后由陈云君先生主持并诵读他撰写的祭文。祭文后中日韩三国茶人分别恭奉清茶。

中日韩三国人士的泡茶仪式在大殿台阶下、大香炉前的平地上举行。三张铺着清洁淡蓝桌布的长条桌排成一行，桌上放着茶碗、茶壶、茶叶等道具。中国和日本泡茶敬茶并不复杂，几分钟就敬奉完毕。韩国禅茶人茶礼较为严谨规范，一丝不苟地用了一刻多钟时间。先撤去三张茶桌，留出一块空地，随着播放的禅茶音乐的响起，三位精心化妆而统一身着紫色上衣、深湖蓝色长裙朝鲜服饰的中年女士从东侧韩国来宾人群中，彬彬有礼地徐步进场，在怀海堂门前的台阶下，三位女士一位面向怀海堂大殿、一位面西、一位面东地形成三角形后席地打坐，随后动作轻盈地慢慢地打开事先已放在地上的各自茶礼器具，就地铺上一块一米见方的茶巾，摆上各自所用的器具，中间一位为茶道器具，东侧一位是花道器具，西侧一位是香道器具。她们身后东侧站满了穿着或与她们一色的朝鲜服装，或穿着各种鲜艳颜色的民族服装的女士。三位女士将各自道具摆放毕后，两手交叉、手心向上，将手轻轻安放在打坐的腿上，淡雅端庄地闭目静坐着，大约在酝酿情绪，进入一种禅修的意境。一曲禅茶音乐放奏完，另一曲又播放时，主香的女士焚香点燃香炉，在冉冉飘浮的香烟中，轻轻地抓上一把两手捂着，慢慢起立徐徐移步到她对面的女士面前双手对接，随后右转又慢慢移步到主泡茶女士面前双手对接，约在沐浴熏香双手，她退回自己位子又席地打坐。我见三位女士轻轻搓自己双手，茶道主泡女士开始提壶温茶碗，投放茶叶，冲泡，分茶。随后三位女士从三个方向同时起立，各自手奉的茶碗，花盘，香炉徐步成一排，姗姗地走到石台阶前，慢慢地下蹲将茶、花、香恭奉在石阶上，茶在中，花在右，香在左，人在其中，一切是那么的和美。恭奉后躬身弯腰地退至各自作业地收拾器具退场，也充分展示了修炼有素的东方女性的内敛淡雅之美。这道严谨规范的敬奉韩国禅茶文化礼仪，使人深深感受了怀揣一颗感恩之心，清茶敬奉

怀海法师的“敬、清、和、美”的生动场景。这种植根于东方人文的禅意生活，以一种参禅悟道的情怀，寻找一处清幽的净土，摊上一地敬奉的器具，点上一炉沉香，涤净无数风花雪月后的尘埃。插上一盆花，让这世界里花草相依，花与人相生，构建人间的曼妙，敬上一碗清茶，以水润之，用情寄予韵，用清茶、沉香、花艺倡导一种淡雅的生活格调，这种淡雅是知性的沉淀，是生活的提炼，是美好的表达，淡现于形，雅至于心，共同构建着社会的和气、和睦、和平、和谐、和美的憧憬。

此后的活动，还有禅茶书画作品展，天下清规揭碑仪式，禅茶文化论坛，品江西宜春茶艺活动。活动到 11 月 11 日结束。

浅谈“茶和天下”

2015年10月31日在东方文化论坛·茶与人类文明研讨会上发言

中国国际茶文化研究会是由茶文化界、茶科技界、茶教育界、茶企业界和爱茶人士自愿结成的学术性非营利性的社会团体，其成立20多年来，选择茶和茶文化这个主题，秉承先贤们对茶文化的文明成果，结合当今时代的发展需求，立足中华、面向国际，以倡导“茶为国饮、以茶惠民、茶和天下”为宗旨，突出一个“和”字，为此作出了不懈的努力。

中国是茶的故乡，茶文化的发祥地、茶为国饮的国度。茶采天地日月之精华，纳上善之若水，燃碳木之金火，容天工之器皿，养身心之气血，修俭德之情操，敬天地祖宗之神灵，……经过几千年来中华先人们的感悟、联想、溢美，充分赋予了茶的“清香、清新，淡定、宁静，利人、无争”的和美本色。“和”是中华先祖崇尚的愿景，也是中华传统文化的核心。据《尚书》记述，上古时期，我们的祖先们就有“协和万邦”“燮和天下”的主张。《国语·郑语》中说：“夫和实生万物，同则不继。……以他平他谓之和，故能丰长而物归之；着以同裨同，尽乃弃矣……声无一听，色无一文，味无一果，物一不讲。”就是说，只有不同事物的和谐才能生成万物，如果只是同一的，就不能发展延续。孔子强调："君子和而不同，小人同而不和"。孔子的弟子说："礼不用，和为贵"，《中庸》中对"中和"表述是："喜怒哀乐之未发，谓之中，发而皆中节，谓之和，中也者，天下之大本；和也者，天下之达道也。致中和，天地住焉，万物育焉。"《中庸》其语指出了"中和"的根本意义和重要价值。在儒家眼中和是中、和是度、和是宜、和是当，和是一切恰到好处，无过无不及。实际上，儒、释、道三教共通的哲学理念都是"和"，《周易》中的"保合大和"，指的是世界万物皆有阴阳两要素构成，阴阳协调、保全大和之元气以普利万物才是人间真道。道教的"天人合一、道法自然"，佛教的"圆满和谐""六和敬"（身和同住，口和同诤，意和同悦，戒和同修，见和同解，利和同均）等，中华传统文化是儒、释、道为主干的，所以中华人文精神是"以人为本"，以"和"的理念和价值观来营建中国的文明体系。

当今世界各国、各地区、各群体和人与人之间相互依存、休戚与共，客观上要求"友好交往、合作共赢"。而当今世界在发展过程中又存在着不

少“紧张”和“焦虑”现象，如人与自然关系的紧张，人与人之间关系的紧张，东西方诸多文化之间冲突的焦虑，社会诚信失范的焦虑等。这些“紧张”和“焦虑”的背后，根本上是人的意识和心态、利益和欲望等因素冲突引起的。“和谐社会从心开始”，要求人类正确处理好人我关系、物我关系、身心关系，而“和合”文化在其中具有不可替代的作用。中国对内主张构建“和谐文明社会”，对外倡导构建“以合作共赢为核心的新型国际关系，打造人类命运共同体”，这是解决国内和世界关系中的一项有效举措。它的基础是中国“和而不同”的和合文化与西方强调“多元一体”的文化背景。中国国际茶文化研究会熟知中华茶文化“清、敬、和、美”的核心理念，因为清香，令人喜爱，因为清新清政，受人尊重，相互信任就敬重，相互敬重就和顺和谐，和谐就产生美，从而倡导“茶为国饮、以茶惠民、茶和天下”的主张呼之欲出，这一主张顺乎时代潮流，顺乎“做人要和善、人际要和顺、家庭要和睦、社会要和谐、世界要和平”的民心向往。

茶与茶文化由中华的“古初先民”发现、利用、体悟而流传，又经中华历代文人雅士和各方社会精英们的联想、溢美、著书立说而激活流芳。上下几千年，使中国茶和中华茶文化以其独特的亲和力、生活化、精神化地融入中华文化渊源灿烂的长河中，成为一支悄然独放的奇葩。儒家以茶养廉，佛家以茶参禅，道家以茶修真，民间以茶养生健体等。茶和茶文化以其无穷的美妙，成为不分人种、不分国度、不分时空，雅俗可赏，既可成为人类文明物质的享用品，又可成为人类文化精神的享用品，实在是“和”得美不胜收。难怪乎，茶虽源于中国，能兴在亚洲，流向世界，多少智者贤达喝茶喝出了一套套的“理论”。如日本茶道以“和、静、清、寂”为其精神；韩国则以“和、静、俭、真”为茶礼；中国台湾以“清、敬、怡、真”为茶理。

中国大陆更是百花齐放，有谓“廉、美、和、敬”的，有倡“礼、敬、清、融”的，有主“和、俭、静、洁”的。中国国际茶文化研究会周国富会长将茶概括为“清、敬、和、美”的核心理念。凡此等等，不一而足。但它们中大多都有一个“和”字，则是各地区、各民族、各人群其地、其时、其俗不同提出的侧重有所不同而已。只有百花齐放，才能“和而不同”的多姿多彩、春妍满园。第九届、第十届全国人大常委会副委员长、中国著名语言学家许嘉璐先生说：它们“都在秉承《老子》的‘道生之、德蓄之、物形之、势成之’，‘辅万物之自然而不敢为’的精神”。难怪乎，中国著名茶学专家陈香白教授说：“在所有汉文字中，再也找不到一个比‘和’字更能突出‘中国茶道’的内核，涵盖中国茶文化精神的字眼了。”

“茶为国饮、以茶惠民、茶和天下”既是古今中外对中华茶和中华茶文化的实际价值和功能的高度概括，又是时代对中华茶和中华茶文化的呼唤。中国人把茶与“柴米油盐酱醋”一起作为人们生活所需品，与“琴棋书画诗曲”一起又是人们风雅的精神文化享用品。茶园改善了自然环境，中华茶文化还成为促进国际间友好交往的媒介，休闲时代最好的“消费品”。科学表明，喝茶有利于人的身心健康，更被人类所关注。世界著名人类学家艾伦·麦克法兰把茶看成英国现代文明的重要依据：“茶叶缔造了大英帝国，没有茶，就不会有英国的现代文明。”翻翻16世纪以来茶在英国兴起和流传的历史事实，艾伦·麦克法兰的这个论断是有依据的。中国茶在16世纪初是由传教士们介绍到欧洲的，又由葡萄牙公主凯瑟琳嫁到英国时带去的，从而19世纪间英国贝德芙公爵夫人安娜·玛利亚创始了维多利亚下午茶，至今“下午茶”已成为英国人一种文明的生活方式，从而由茶提高了英国妇女的地位；英国工业革命时，英国全民喝茶用熟水提高了体质，减少了疾病危害；

■ 艾伦 · 麦克法兰

茶的利用和需求客观上使英国在全球得到扩张和发展等。当今世界上已有60多个国家和地区种茶，160个左右的国家和地区销茶，20多亿人饮茶。20世纪60～70年代，我国援助非洲一些国家种茶，中非人民称之为“友谊茶”。200多年前（1812年）一名中国澳门的茶工把中国茶种寄往在巴西的一位兄弟播种，从此巴西有了茶，1873年在维也纳世界博览会上，巴西出产的茶叶赢得了广泛赞赏。2014年7月16日习近平主席在巴西访问时，对此段历史他赞扬道：“种下的是希望，收获的是喜悦，品味的是友谊”。

茶以文兴、文以茶扬，茶文相融、流芳世界。中华茶和茶文化也越来越在世界“惠风和畅”。新中国的历代领袖们，不但自己喜茶、爱茶、喝茶，在国际交往中，还频频地将茶文化巧妙地应用在和谐外交气氛、促进中外友谊，而感动着天下。如1972年2月21日，美国总统尼克松肩负着恢复中美邦交正常化的历史使命，踏上了“破冰之旅”的中国之行，在中美高层会谈期间，我国总理周恩来多次设茶宴款待尼克松总统夫妇一行，席间实实在在地让尼克松总统夫妇感受到中国茶的美妙和茶文化的博大精深。在北京，当尼克松总统在周总理为他精心安排的茶席上，喝着芬芳馥郁的中国茉莉花茶，尝着中国精细的茶点，听着中国乐团为他演奏的、也就是他就任美国总统时喜欢的《美丽的阿美利加》这首肃穆优美的名曲，这种中国名茶与美国名曲在茶宴上同融，既显出中国茶的上等与清新，又体现了中国主人对美国客人的尊重和理解。尼克松在这舒适和惬意的热情友好气氛中，他注视着穿着朴素、谈吐大方、仪表平淡、胸怀坦诚的中国总理周恩来，眼中透出对这位中国领导人的深深钦佩和感动，在他面前展现的就是中国茶文化的“清、敬、和、美”的生动场景。尼克松夫妇在会谈之余，周总理还陪他泛舟西湖，游美景、品龙井，在茶宴上周总理给尼克松夫妇讲述乾隆皇帝与龙井虾仁的故事，尼克松连连称赞，杭州美、中国龙井茶香。以后，尼克松在他回忆中说：“我知道，这只是中国人待人接物的一种方式，但事实上，这表明中国人对他们的文化和哲学的绝对优势坚信不疑。凭借这一优势，他们总有一天会战胜我们和其他人”。尼克松总统是有远见的，在他任上胜利实现“破冰之旅”，与中国领导人一起破解了恢复中美邦交的正常化这个难题，承担起美国总统的历史责任。

2013年3月至今，我国国家主席习近平多次出访世界相关国家和地区，多次巧妙地用中华茶文化讲好中国故事，促进中外友谊。著名的“茶酒论”更意味深长、美传世界。习主席在比利时布鲁塞尔欧洲学院发表演讲中讲道：“我们要建设文明共荣之桥，把中欧两大文明连接起来。中国是东方文明的重要代表，欧洲则是西方文明的发祥地。正如中国人喜欢茶而比利时人喜欢啤酒一样，茶的含蓄内敛和酒的热情奔放代表了品味生命，解读世界的两种不同方式。但是，茶和酒并不是不可兼容的。既可以酒逢知己千杯少，也可以品茶品味品人生。中国主张‘和而不同’，而欧洲强调‘多元一体’。中欧要共同努力，促进人类各种文明之花竞相绽放。”这都是中华茶文化对人类社会的文明所赋予的功能和作用。

浅谈茶人及其精神的传承

2017年11月3日在中华茶文化国际交流高峰论坛上的演讲

2017年11月3日，中华茶人联谊会在北京举办中华茶文化国际交流高峰论坛，邀请我在论坛上作“茶人精神的传承和弘扬”为主题的发言。为此，我在学习思考的基础上，作了《浅谈茶人及其精神传承》的发言，旨在抛砖引玉。

何为茶人？有人说，一切种茶、制茶、卖茶和爱茶人士就是茶人。我认为，这是对茶人的通俗而泛泛的表述，但缺乏“茶人”这个称呼的特殊含义。一个事物太泛泛了，既缺乏了回味，又没“精神”可言。我认为“茶人”，应该是一切致力于茶事业发展和爱茶懂茶的有识之士并愿奉献的人。这个概念与通俗泛泛的茶人表述区别：不是一般以茶业而作谋生工作的人，而是把工作当成“事业发展”的有识之士；不是一般喜爱喝茶的人，而是“懂茶爱茶”的有识之士；不是唯利是图之人，而是愿为茶事业奉献的人。一般地说，工作是为了谋生的需要，是为了生计的一种无奈，而把工作当成“事业”来做的有识之士，是有追求、有梦想、有责任心使命感的人，只有这样的人才可为自己致力的事业而奉献自己的一切。爱茶的人才肯用心地去钻研茶，在懂茶中更爱茶，只有爱茶懂茶的人才是有见识、有品位、有文化的茶人。肯用心，“心安则强大”，这样的“茶人”才能创造出茶的事业、茶的文化、茶人的精神。

一片本来自山野的茶树叶，始于神农氏无意中发现其功效后，经人类利用、认知、体悟、联想等漫长的历史过程，最终成为人类可物质享用的“柴米油盐酱醋茶”（南宋《夷坚续志前集》卷一中称：“早辰开门七般事，油盐酱豉椒姜茶”）的厨房之俗，又可精神享受的“琴棋书画诗曲茶”（歌是“曲”，酒是“曲”，我通称为“琴棋书画诗曲茶”）的书房之雅。茶叶能演化成茶，是由于人的切入，人与茶叶相互关系作用的结果。如果人类仅把茶叶当成食物或饮用、或药用、或食用，是演化不成文化意义上的茶。余秋雨先生在《品鉴普洱茶》一书中有这么一段话：“相比之下，世上很多美食佳饮，虽然不错，但是品种比较单一，缺少伸发空间，吃吃可以，却无法玩出大世面。那就抱歉了，无法玩出大世面就成不了一种像模像样的文化。”这些切入茶叶的人，通过人与茶叶的内化、德化、道化使茶叶演化成茶，茶的含义也就广而深了：采茶去，这是植物意义上的茶；喝茶去，这是饮品意义上的茶；以茶养生，这是药理健康意义上的茶；以茶养眼，这是美学意义上的茶；以茶传情，这是媒介意义上的茶；茶即“心”（中国古人的“心”，是意念），是哲理意义上的茶，等等。而这些演化是人们特别是茶人从饮茶的行为、饮茶的心态，饮茶的审美和价值观创造出来的茶文化。茶文化也是“始于古初草民”。陆羽《茶经》中说：“茶之为饮，发乎神农氏”，传说“神农尝百草，日遇七十二毒，得茶而解之”。古代传说的“神农”，可能是一个人，也有可能是还没有文字前的一群先农，还有可能是原始社会的氏族部落等，总之是我们的先人，在没有文化以前是“草民”。“着于今世雅士”。《茶经》中说：“闻于鲁周公”。鲁周公是周文王姬昌的儿子、周武王姬发的弟弟，名叫姬旦。他是辅佐周朝、改定官制、制作礼乐，完备了周朝的典章文物，封于山东曲阜，是为鲁周公。以后春秋齐国有晏婴，西汉有扬雄、司马相如，东汉有韦曜，东晋郭璞、刘琨、陆纳、谢安、左思等文人雅士都爱喝茶并创造传播了当时有关茶的文化事象。这些人都是当时雅士、古代社会的知识分子，也称之为社会精英。古代的社会精英大多或“傲岸于人间”，以君子自称，淡泊名利、不畏权贵，把自己修养成具有忧国忧民和社会担当情怀的士大夫；或“超然于自然”“浪迹四海”，寄情于山水和草木之间，托物寄情、舞墨赋诗、揭示情趣、激活草木。如视梅、兰、竹、菊为“四君子”，视“梅、竹、松”为“寒岁三友”等，使草木人性化。所以，我们现在说茶艺、茶性、茶德、茶道等茶的文化事象，实质上是人艺、人性、人德、人道等人创造的文化，从而可“品茶品味品人生”。吴觉农在《茶经述评》中说：“茶道是人把茶视为珍贵高尚的饮料，因为品茶是一种精神的享受，是一种艺术，或是一种修身养性的手段”。能品茶，并把茶作为一种精神、艺术和修身养性手段的，唯有古代的文人雅士，或称社会精英才会如此雅致。古代由精英们创造和传播的文化，具有教化和文治的意义，以后会使社会广大民众从认知、到羡慕、向往直至模仿而普及，又在社会民众普及中丰富发展，构成社会主流文化而汇入中华传统文化的河流中。吴觉农 1942 年 9 月在崇安茶叶研究所周年会上说：“要养成科学家的头脑、宗教家的博爱、哲学家的修养、艺术家的手法、革命家的勇敢，以及对自然科学与社会科学的综合分析能力”。显然这是对“茶人”的要求，可见“茶人”这个专用词的含义之不一般，是沉甸甸的。这样的“茶人”创造的精神对社会才会有传承和弘扬的意义。

何谓“茶人精神”？人之所以是人，不是把物质仅作为纯粹的物质，而是能把物质当成人的物质从而演化成精神，促进社会文明进步。唐代陆羽前后相当长时间里，人类只知道茶之生、茶之育、茶之器，不了解茶之效、茶之寓。许嘉璐先生说，茶之效也只知道“荡昏寐，饮之以茶”。古人说：“形而上谓之道，形而下谓之器”。“道”即是“寓”，是内涵、是意识形态，即文化；“器”不仅是器物，还是对器的操作方法、动手能力，是技艺和表象的东西。1 200多年前陆羽著《茶经》一书后，人们才逐步理性地认识到茶，并体悟、联想出茶文化。北宋欧阳修说：“后世言茶者必本陆鸿渐，盖为茶著书自其始也”。北宋著名诗人梅尧臣也说：“始从陆羽生人间，人间相学事春茶”。

所以，陆羽的《茶经》不仅在中国乃至世界，是至今发现的第一部有关茶学的巨著。在他的《茶经》中，第一次提出规范茶人的品德行为：“茶之为用，……为饮，最宜精行俭德之人”。精行俭德是中国古代儒释道雅士和士大夫们所崇尚的行事做人的道德修养规范。在《辞海》上，精的大致含义是好上加好，细上更细，纯质的东西；俭的大致含义是节省、俭约，简单朴实。由此，在我看来，精行，即行精，行事认真精致，求真务实、科学严谨；俭德，即德俭，做人勤奋艰苦、清净俭朴、淡泊名利。陆羽的《六羡歌》“不羡黄金罍，不羡白玉杯，不羡朝入省，不羡慕登台。千羡万羡西江水，曾向竟陵城下来”。已表述了茶人的俭朴和淡泊名利志趣。纵观陆羽的一生，他不仅是精行俭德的倡导者，也是践行者。他学识渊博、艰苦励志、爱国爱茶、不羡奢华、不畏权贵、历尽艰辛，历时十几年，几易其稿，写出了一部惊世巨著《茶经》。《茶经》的系统性、实践性、文化性、时代性，对当今仍有科学的指导意义。陆羽倡导的“精行俭德”，实际就是古代茶人应具备的品德和精神。千百年来，精行俭德的茶人精神，激励传承着代代茶人。吴觉农先生是现、当代茶人的又一个杰出代表。陆定一同志早年评价吴觉农先生是：“如果说陆羽是‘茶神’，那么说吴觉农先生是当代中国的‘茶圣’”。作为我国著名农学家、农业经济学专家、社会活动家，又是我国现代茶业的奠基人、当代中国茶学的泰斗，在世界茶界享有很高声誉的科学家，他对“茶人风格”是这样概括的：“我从事茶叶工作一辈子，许多茶叶工作者，我的同事和我的学生共同奋斗，他们不求功名利禄、升官发财，不慕高堂华屋、锦衣美食，没有人沉溺于声色犬马、灯红酒绿，大多一生勤勤恳恳、埋头苦干、清廉自守、无私奉献，具有君子的操守，这就是茶人风格”。吴先生的“茶人风格”与陆羽的“精行俭德”一脉相承，他们的卓越业绩天地可鉴，与日月同辉。

中国国际茶文化研究会会长周国富先生在纪念吴觉农先生诞辰120周年暨《吴觉农集》首发式上赞扬吴先生说：“深深凝结爱祖国爱华茶的高尚情怀，始终秉持严谨务实的科学态度，大力弘扬勇于探索、志于实践的创新精神”。加上淡泊名利、无私奉献的品格，实际上就是当代“茶人精神”。陆羽、吴觉农及代代致力于茶的事业发展和爱茶、懂茶的一大批有识之士都具有这样的“茶人精神”。正因为有这样一大批茶人在传承和弘扬着“茶人精神”，中国茶不仅成为中国的“国饮”而誉满世界，成为沟通东西文化的媒介，成为全人类的健康和生活乐趣的福音。

今天，我们传承和弘扬“茶人精神”，就是要“不忘初心”，传承经典。牢固树立“创新、协调、绿色、开放、共享”的发展理念，为“谱写茶产业和茶文化发展新篇章”做出新贡献。发展中华茶文化要坚持“文化自信”，紧跟时代发展，文化要面向生活、面向大众、面向社会、面向产业，“古为今用、推陈出新”，百花齐放。发展中国茶产业，也要面向生活、面向大众、面向市场、面向国际，抓住时机，“六茶共舞”，探索创新。

党的十九大指出：“我国社会主要矛盾已经转化为人民日益增长的美好生活需要和不平衡不充分发展之间的矛盾。”当前，发展中华茶文化和中国茶产业，就要充分认识我国社会主要矛盾已经转化的实际，一方面茶和茶文化完全可以成为人民美好生活需要中一个生活内容，另一方面要发扬“茶人精神”，面对茶产业、茶消费“不平衡、不充分”这个实际，抓住全面建设小康社会时机，创新理念，大力倡导“茶为国饮”，以茶惠民，全面推进建设“健康中国”和实施“一带一路”倡议等时机，使茶产业和茶文化成为民众美好生活的一种休闲生活方式，共同谱写我国茶文化和茶产业发展的新篇章。

阿根廷的马黛茶和斐济的卡瓦汁

2008 年 9 月，我应邀率团访问了南美洲的阿根廷、智利等国。阿根廷在南美洲的东南部，国土面积 278 万平方公里，当时人口有近 3 860 万，是综合国力较强的拉美国家，1972 年 2 月 19 日与中国建交。

■ 博卡区

阿根廷自称有“四大宝”：探戈、马黛茶、足球、烤肉，这次我算亲见亲历长见识了。比如世界著名的探戈舞，1880 年诞生于阿根廷首都布宜诺斯艾利斯的博卡区船坞（即港口码头），原来是船坞街头的海员和老百姓们

当地人邀请杭州市外办负责人在博卡街头共舞

跳的欢乐舞蹈，后来它继承了阿根廷民间舞曲的传统，吸取了“阿瓦内拉”“坎东贝”等黑人舞蹈的旋律和节奏，成为阿根廷民族风格的舞曲，西班牙殖民者将它传到西班牙、法国等欧洲乃至世界各地。博卡区街头至今还很有文化特色，是个旅游的热门地。

我更感兴趣想特别介绍的是阿根廷马黛茶。我们在阿根廷访问时，当地人用马黛茶接待我们，也是他们的民族传统礼仪。当主人们将一只讲究的金属镶嵌的小葫芦拿上来时，我还以为是件精致的工艺品。后来知道，它是冲泡马黛茶的茶壶。他们打开上盖，抽出原来插在上盖部的一根铜制吸管，主人投入足有5克以上呈浅翠绿的碎末状干草叶（类似中国碎末状的苦丁茶），主人告诉我们这是马黛茶。

布宜诺斯艾利斯河上的桥

然后他们冲泡上已冷却了几分钟的沸开水（类似中国人冲泡绿茶的水温是 80 ~ 90°C），他们介绍这样的水温不易破坏马黛茶的细胞，使营养不改变。浸泡大约 2 ~ 3 分钟后，主人先自己嘴对吸管吸了一口茶水，随后把它传递给我，翻译让我也像主人一样吸一口茶水，再传递给下一位。我心里犹豫起来，主人吸过的管子也不擦一下，让我再吸，这样卫生吗？这时坐在我旁边的陪同我出访的杭州市外办负责人杜士根悄悄地提醒我，这是阿根廷主人接待贵宾的民族传统习俗，必须尊重的。我无奈地也吸了一小口，传递给我的下一位。尽管只吸了一小口，但味道苦涩，也类似中国的苦丁茶味，稍后口里有一股芳香、爽口之感。我们双方会见交流着，这小茶壶也在不断地一人一人的传递着，一直到壶内水吸完了，主人又续上热开水，又一个一个地传递下去，直至会见结束，主人才把马黛茶茶壶收起来。

这十几年来，我出访过几十个国家和地区，喝过茶、咖啡等不少热饮，在阿根廷这样的喝茶方式还是第一次。我怀着好奇的心理向他们了解马黛茶的一些情况。

■ 马黛茶和马黛茶壶

■ 闲适的阿根廷人

马黛茶是阿根廷的一大特产，虽然这种茶并不仅仅是阿根廷才出产，但是仍然有人说：“不喝马黛茶就不算来到了阿根廷。”据说在阿根廷等南美国家喝马黛茶已有400多年的历史，源自于魁特查语中的“mati”这个词，意思是“葫芦”。西班牙殖民者以后称这种茶为“马黛茶”，当地人称之为“caiguá”，意思是“与巴拉圭茶有关的东西”。当地人传统的喝茶方式很特别，一家人或是一堆朋友围坐在一地时，就会有一把泡有马黛茶叶的茶壶里插上一根吸管，在座的人一个挨一个地传着吸茶，边吸边聊，壶里的水快吸干的时候，再续上热开水接着吸，一直吸到聚会散了为止。吸茶用的茶壶是重要的茶具，也是当地人很重视的家庭生活用具。阿根廷人认为，使用什么样的茶壶招待客人，比喝马黛茶本身还重要，就像西方人待客讲究餐具一样。一般平民百姓使用的马黛茶壶大多是竹筒或葫芦挖空制成的，壶上不加什么装饰，吸嘴一般是金属管做的，镂空椭圆形的管头插入壶中，起到过滤茶叶的作用。而高档的茶壶则是一种艺术品，有金属模压的，有硬木雕琢的，有葫芦镶边的，也有皮革包裹的。形状千奇百怪，有的壶表面绘刻有山水、人物花鸟等图案，

■各式马黛茶壶

并镶嵌着各种各样的宝石，吸嘴管镀银等。我带回的一只马黛茶壶是葫芦镶金属边，上盖上镶嵌一颗粉色宝石。当地人泡马黛茶，往往喜欢放入许多茶叶，茶叶多于水，没吸几口又要续水了，味道特苦涩。也有人加糖、加蜂蜜的。

20 世纪以后，提倡卫生的需要，喝马黛茶也不都是大家共用一根吸管，也有一人一壶的，也有像中国人那样壶里泡好后经过滤倒在茶杯里喝。但当地人往往会认为那样喝马黛茶，就失去了阿根廷民族传统风味。所以，接待我们时，还是我开头说的一壶一吸管，宾主共同享用到结束。

那么，马黛茶到底是什么？后来我让胡勤刚（我原秘书）帮助查了不少资料后知道，马黛茶是一种常绿灌木叶子（冬青科常绿灌木），生长在南美洲的一些地方，阿根廷气候温润潮湿，有充足的阳光，很适宜这种树木生长，加之当地人有爱喝这种茶的传统，使之成为最大的马黛茶生产国。这种叶子的处理加工方法同中国的茶叶相似，每年 4 ～ 8 月是阿根廷马黛茶采摘的季节，把采摘下来的嫩绿叶和芽经过晾晒、分拣后即可饮用。现在增加了

■ 马黛茶树

烘烤、发酵和研磨成碎末状等工序。市面上销售的有散装、单位包装和袋泡包装等。由于马黛茶似中国苦丁茶，有苦涩味，商家为适应市场消费者的口味需要，在马黛茶中也有加入草莓、苹果、柠檬、橙子等不同水果味，在泡制时，也可根据消费者口味添加糖、蜂蜜的。

现在世界上有把马黛茶、咖啡、茶（红茶、绿茶）并称为“世界上三大茶”饮料，并大量出口北美、西欧、日本等国。南美人称马黛茶为“仙草”，是“上帝赐予的神秘礼物”。科学研究表明，其含有 196 种活性营养物质（包括 12 种维生素）。它的营养保健和药用功能，也引起世界科学家的关注和兴奋，他们研究认为，马黛茶内含多种人体必需的维生素，具有提神安神、清肠解腻、轻体养肤、降脂降压等功效。

马黛茶节。在阿根廷每年有两个重大节日，一是国庆节（5 月 26 日）；一是马黛茶节（11 月的第 2 个星期）。每年举行的马黛茶节是阿根廷最大的狂欢节，为期 6 天，欢庆一年马黛茶的丰收，赞颂马黛茶。节日期间，首都布宜诺斯艾利斯的街头、可以看到许多着装漂亮的少男少女向行人分赠小盒包装的马黛茶。在马黛茶的一些主产地区还会举行花车游行和民族舞会，

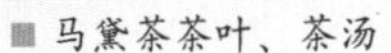

■ 马黛茶茶叶、茶汤

世界各地游客会慕名前往参与并观光。各地民间艺术家们也会纷纷前来参与演艺助兴。每年度评选出的“马黛茶女王”“马黛茶公主”更成为阿根廷美女形象的代言人，摘冠者不仅有不少珍贵礼品相赠，还可以免费到国内任何地方去旅游。

世界之大无奇不有。茶饮也是一地一风情，一国一特色。2011 年 5 月，我应邀率团赴太平洋西南部的斐济共和国访问时，茶饮又是一种异国民族风

斐济土著居民欢迎来宾仪式

斐济人制作卡瓦汁

情的表现形式。2011 年 5 月 16 日，我等一行到达斐济苏瓦机场时，斐济共和国外交部礼宾司的官员来机场迎接我们。一走出机场，我们就看到在机场大厅有一群赤裸着上身，用草裙围着下身，脸上涂着色彩的当地土著人载歌载舞的举行欢迎仪式。斐济外交部礼宾司官员告诉我，这是当地隆重的欢迎贵宾仪式。

跳完一阵舞后，他们中有人端来一只类似锅形的木盆，放在表演人群和我坐着的位子之间，靠近表演人群。举行欢迎仪式的表演人员，围着这只木盆半圆形席地而坐，坐中间者拿出一个不知里面装了什么的小布袋，放入木盆中，其中有一位表演者端来一盆水，倒入木盆中，坐中间者，将小布袋浸泡在水中，双手揉挤起来。片刻，另有一位表演者双手捧着一只约十几厘米口径的木碗，让中间那位制作者，将木盆里的水舀到木碗里，随后慢慢地走到我面前跪下，将双手捧着的木碗恭恭敬敬地端献给我。

■ 向作者敬卡瓦汁

当地人称此水为卡瓦汁，只在欢迎仪式上献给主宾们喝的。那天，只有我同斐济外交部礼宾司官员才喝到。喝完后，仪式表演人群中一起发出不知是祝福声还是欢呼声、鼓掌声，端献者将木碗捧着回到仪式表演人群，大家又表演起来。

拜访当地酋长家

17 日，我们在斐济的楠迪市访问时，临近傍晚，楠迪市市长陪同我去该市一个土著族村落访问并参加露天晚宴时，在村长（酋长）家里的欢迎仪式上，也是当场制作，我们每人喝到的也是这样制作的卡瓦汁。露天晚宴上，大家喝的也有事先制作好的卡瓦汁。楠迪市市长告诉我，他是这个村落的人，村长（酋长）是他父亲，这种卡瓦汁在当地既可当茶，也可当酒（当地村落不喝含有酒精的酒），还有保健作用，是当地欢迎贵客仪式上才用的。

卡瓦汁由当地一种叫“洋格纳树”的树根，磨出来的白色粉末制成的。

卡瓦汁制作方法也不复杂，装有洋格纳树根白粉末的布袋，放在一只锅状的大木盆里，倒进冷水（生水），制作师用双手不断揉挤（压）浸泡的布袋，有类似中国人过去在布袋里揉压豆浆汁一样。洋格纳树根粉末成汁到一定程度即可，把握浓度就凭经验技术了。说实在的，我当初对此树根粉末、生水、一双未经清净就不断揉捻的手，制作出来的卡瓦汁是否卫生心存疑虑，为尊重当地主人的风俗不得不喝，喝了又怕在异国他乡闹肚子。两天里我无奈地喝过三次，机场欢迎仪式上、酋长家的仪式上、露天晚宴上，最终我们都平安无事，实在是神奇的卡瓦汁。这卡瓦汁，无异味、口感凉爽，初喝时有点微微的麻口。

世界丰富多彩，我们未识的东西实在太多，太多了。

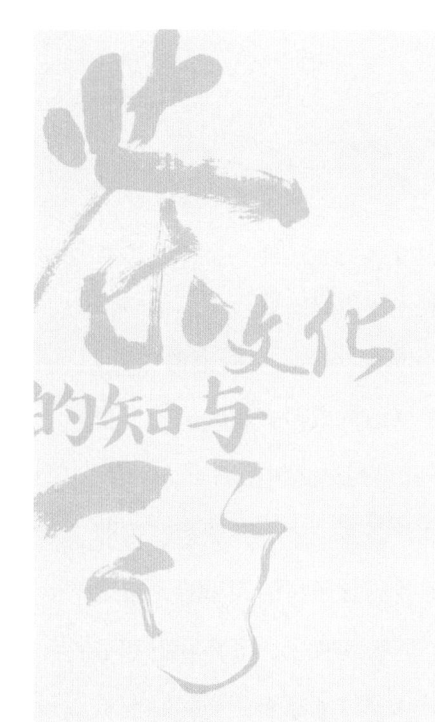

茶文化的知与行

参考文献

程启坤，姚国坤，张莉颖，2010. 茶及茶文化二十一讲 . 上海：上海文化出版社 .

度阴山，2014. 知行合一 · 王阳明 . 北京：北京联合出版公司 .

度阴山，2016. 知行合一 · 王阳明 2. 南京：江苏凤凰文艺出版社 .

度阴山，2016. 知行合一 · 王阳明 3. 南京：江苏凤凰文艺出版社 .

简·佩蒂格鲁，2011. 茶鉴赏手册 . 黄勇，译 . 第二版 . 上海：上海科学技术出版社 .

刘枫，2015. 新茶经 . 北京：中央文献出版社 .

刘梦溪，2015. 马一浮与国学 . 北京：三联书店 .

沈冬梅，2006. 茶经校注 . 北京：中国农业出版社 .

王晶苏，2012. 中华茶道 . 南昌：百花洲文艺出版社 .

王岳飞，徐平，2014. 茶文化与茶健康 . 北京：旅游教育出版社 .

姚国坤，2004. 茶文化概论 . 杭州：浙江摄影出版社 .

余秋雨，2012. 品鉴普洱茶 . 普洱 (6) .

中国茶叶博物馆，2011. 话说中国茶 . 北京：中国农业出版社 .

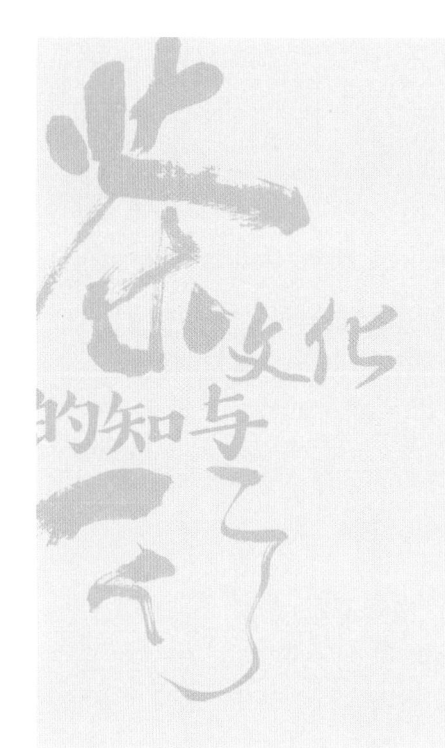

茶文化
的知与行

后　记

我的《茶文化的知与行》一书在方方面面的同志和朋友们关心支持下公开发行了，终于“丑媳妇见了公婆”。“丑媳妇见公婆”，因为我是茶文化的初学者，里面观点可能不成熟，但是我的切身体悟、真实思考、坦诚表述。

不少同志被我退休后能认真用心茶文化的“憨劲”所感动，给了我不少鼓励。如姚国坤教授竭力向我们的家乡宁波余姚领导推荐，要我给家乡市级机关同志讲《茶文化的知和行》；浙江大学的王岳飞教授、屠幼英教授多次让我给在浙江大学举办的茶文化培训班的学员们讲授《茶文化的知和行》；鲍志成研究员连年邀请我参加“东方文化论坛”发表相关演讲。中国人文社会科学核心期刊、江西省社科院主办的《农业考古》及《茶博览》《杭州政协》等杂志多次载登了《茶文化的知和行》的相关章节，等等。不少同志还建议我把讲稿整理后可公开出版，如中国国际茶文化研究会的王小玲、戴学林、陈永昊、缪克俭等同志鼓励我：你的讲稿虽是你个人学习思考的成果，但是你进了中国国际茶文化研究会后才产生的成果，应该公开出版。

为此，今年我又多次修改后，首先分别送请我所崇敬的领导和部分导师们审视把关，如浙江大学农业和生物技术学院茶学系主任屠幼英教授、浙江农林大学人文·茶文化学院院长王旭烽教授、中国社会科学院研究员沈冬梅、浙江著名文化学者鲍志成研究员、中国茶叶博物馆原馆长王建荣研究馆员等同志，最后，我送中国国际茶文化研究会会长、浙江省政协原主席周国富和茶学界前辈姚国坤教授（中国农业科学院茶叶研究所资深研究员、中国国际茶文化研究会学术委员会副主任），他们都是我入门茶文化的启蒙老师。这些年，我是读着他们编著的《茶及茶文化二十一讲》《茶文化与茶健康》《话说中国茶》《茶文化概论》和《茶经》诠释等文章和书籍才逐步了解茶与茶文化而入了茶文化领域这个门的。稿子送出后没几天，他们在百忙中挤出宝贵时间认真地审阅了我的拙作，并十分负责地给我提出了不少真知灼见和个别校正。已八旬高龄的姚国坤老师，不顾8月的高温酷暑，用了整整几天时间认真地审阅了拙作，不仅给我作了点评，还校正指导，甚至还提出该如何出版等建议。我把他（她）们的指教和校正已修改在本书稿中；我把他（她）们的点评和鼓励放在本书最前拟作代序。在此，我再次衷心感谢他（她）们的不吝赐教和鼓励！

我还要衷心感谢我原秘书胡勤刚同志，中国国际茶文化研究会办公室副主任梁婷玉、中国国际茶文化研究会学术与宣传部部长助理董俐好以及副部长项宗周、培训与普及部副部长陈惠和浙江省政协办公厅的刘群锋等同志的帮助和支持！因我的讲稿都是我手写的纸质稿，每写好一稿，都是由他（她）们帮我打印制作成电子版或PPT（因我不会利用电脑写作）。尤其是梁婷玉、胡勤刚和董俐好三位同志，此书出版前我已修改了20多次，连续四年他（她）们都毫无怨言，不仅为我修改制作电子稿，还千方百计帮我寻找相关资料和合适的讲稿配图。我还要衷心感谢中国农业出版社对我书稿的器重和支持，特别感谢姚佳女士的细心编辑。还衷心感谢一切帮助我出版的同志和朋友！

我在茶文化界中毕竟只是位老年初学者，因为出于对茶文化的热爱，把《茶文化的知与行》抛砖引玉与大家交流分享。此读物内容如有得罪之处，请多包涵；如有不当之处，请赐教指正。

作者

2017年8月

【知行合一】

知是行的主意，行是知的工夫。

知是行之始，行是知之成。